Fundamentals of Motivational Interviewing
Tips and Strategies for Addressing Common Clinical Challenges

动机式访谈实务应用
处理常见的临床挑战

[美] 朱莉·A. 舒马赫（Julie A. Schumacher） 著
迈克尔·B. 马德森（Michael B. Madson）

辛挺翔 译

中国轻工业出版社

图书在版编目（CIP）数据

动机式访谈实务应用：处理常见的临床挑战／（美）朱莉·A.舒马赫（Julie A. Schumacher），（美）迈克尔·B.马德森（Michael B. Madson）著；辛挺翔译.

北京：中国轻工业出版社，2025.6. -- ISBN 978-7-5184-5459-4

Ⅰ.B841

中国国家版本馆CIP数据核字第2025WE0315号

版权声明

Copyright © Oxford University Press 2015

All rights reserved.

Fundamentals of Motivational Interviewing: Tips and Strategies for Addressing Common Clinical Challenges was originally published in English in 2015. This translation is published by arrangement with Oxford University Press. China Light Industry Press Ltd. / Beijing Multi-Million New Era Culture and Media Company, Ltd. is solely responsible for this translation from the original work and Oxford University Press shall have no liability for any errors, omissions or inaccuracies or ambiguities in such translation or for any losses caused by reliance thereon.

保留所有权利。非经中国轻工业出版社"万千心理"书面授权，任何人不得以任何方式（包括但不限于电子、机械、手工或其他尚未被发明或应用的技术手段）复印、拍照、扫描、录音、朗读、存储、发表本书中任何部分或本书全部内容（包括但不限于光盘、音频、视频等）。中国轻工业出版社"万千心理"未授权任何机构提供源自本书内容的电子文件阅览、收听或下载服务。如有此类非法行为，查实必究。

责任编辑：孙蔚雯　　责任终审：张乃柬
策划编辑：孙蔚雯　　责任校对：刘志颖　　责任监印：吴维斌

出版发行：中国轻工业出版社（北京鲁谷东街5号，邮编：100040）
印　　刷：三河市鑫金马印装有限公司
经　　销：各地新华书店
版　　次：2025年6月第1版第1次印刷
开　　本：710×1000　1/16　印张：18
字　　数：267千字
书　　号：ISBN 978-7-5184-5459-4　定价：78.00元
读者热线：010-65181109
发行电话：010-85119832　　010-85119912
网　　址：http://www.chlip.com.cn　http://www.wqedu.com
电子信箱：1012305542@qq.com
版权所有　侵权必究
如发现图书残缺请拨打读者热线联系调换

221138Y2X101ZYW

译者序

《动机式访谈实务应用——处理常见的临床挑战》（*Fundamentals of Motivational Interviewing: Tips and Strategies for Addressing Common Clinical Challenges*）是我近些年来翻译的第三本动机式访谈（motivational interviewing，简称MI）的专业书籍。同样，近些年来，我致力于动机式访谈的实践、教学、督导，以及本土化工作，推广和传播动机式访谈的足迹遍及北京、上海、天津、山东，以及内蒙古等地；更有缘通过线上工作坊的形式结识了五湖四海的同行，向大家介绍并一起探讨了动机式访谈的学习、练习与应用。让我感到欣喜的是，国内已经有越来越多的助人工作者开始关注、接触、学习和使用动机式访谈，并将它运用于自己的工作和生活之中。大家的发现与交流对于积累动机式访谈在普通话背景中的运用经验大有裨益。为了更好地积累集体智慧，促进我国从业者对动机式访谈的学习、应用和交流，在众多动机式访谈实务工作者的共同努力下，由我所倡议的中国动机式访谈社区（Chinese Motivational Interviewing Community，简称CMIC）已于2023年成立。

在国际上，动机式访谈的两位创始人威廉·R. 米勒（William R. Miller）博士和斯蒂芬·罗尔尼克（Stephen Rollnick）博士也于2023年出版了第四版《动机式访谈法——帮助人们改变》（*Motivational Interviewing: Helping People Change*），这标志着动机式访谈自1991年、2002年和2013年之后，再次迎来了一波以10年为周期的重要更新。米勒和罗尔尼克博士总结了近10年来动机式访谈在实务及研究领域的新发展、新成果，他们提炼精华，化繁为简，又将智慧与经验传承并熔铸，继而推陈出新。而我，也有幸成为该书第四版简体中文版的译者。

既然动机式访谈在2023年进行了更新,两位创始人也推出了新作,为什么我还要翻译并大力推荐由朱莉·A. 舒马赫(Julie A. Schumacher)博士和迈克尔·B. 马德森(Michael B. Madson)博士于2015年合著的这本《动机式访谈实务应用——处理常见的临床挑战》呢?我想,可能是因为这本书的几大优点使它脱颖而出,并跨越了时间,成为有关动机式访谈的重要书籍,值得与读者见面。这本书具有很高的实用性,无论是对动机式访谈的从业者,还是对动机式访谈的学习者,都有巨大的帮助。本书的特点或优点包括以下几个方面。

第一,操作性。本书对于动机式访谈的具体操作都有示范、解析和逐字稿素材,这大大提升了读者从阅读到理解,进而上手尝试和练习,最后实践运用的可能性。而且,这种操作性也有助于动机式访谈的学习者更直观、更立体、更全面地接触和学习动机式访谈的一些重要内容,从而补充了其他书籍因篇幅所限而未能呈现的部分。例如,本书在讲解动机式访谈的四个过程时,就通过"枢纽城市健步走"和"大学生短程酒精筛查及干预"这两个干预项目,完整呈现了动机式访谈四个过程的展开与应用。

第二,实用性。就如本书的副标题所示,两位作者的写作初衷是帮助读者"处理常见的临床挑战"。这些挑战是不同领域的从业者在日常工作中都会遇到的,很可能会干扰常规的助人工作,削弱助人效果,并导致从业者的挫败与耗竭。这些挑战包括但不限于:当事人的改变意愿(准备度)较低、缺席来访、不依从、被强制;进展缓慢、遭遇反弹或复发、抱有不切实际的期望;受精神症状或障碍(如绝望感、内疚感、缺乏活力与兴趣、难以专注、思维混乱)影响;与青少年的父母或团体工作的困难。本书在组织上,通过划分章节来精准聚焦于具体的挑战;不但给出了多种可选择的对策,以对话逐字稿来呈现,还在相应的章节最后辅以总结表,从而让读者在运用时有抓手、有实例,也更便于查阅和参考。

第三,深入性。动机式访谈的学习者和实践者常常会问这样的问题:"如果在……的情况下,可以怎样运用动机式访谈呢?"这体现了大家都希望更深入、更广阔地拓展动机式访谈，从而在更多的助人情境下灵活运用，提升助人效果。所以，读者也迫切需要一本动机式访谈的进阶或高级读物，来帮助自己超越最初的基础学习，继续发展和进步。我个人认为，本书就非常匹配这些需求。一方面，所有的深入发展可能都离不开实践与应用——发展旨在实践，而实践又是发展的试金石。另一方面，作者针对每一种对策都给出了"三档"参照点（不符合动机式访谈、有些符合动机式访谈、符合动机式访谈），这也是本书的特色之一。这样的参照点设计对于从业者深入学习动机式访谈并提升胜任力而言意义重大。因为它们不但可以作为对照，帮助从业者与自己当前的表现做比较、觉察和反思，而且为从业者之后可以如何调整与进步——如何更符合动机式访谈——指明了方向，示范了细节。所以，就连《动机式访谈手册》（Building Motivational Interviewing Skills: A Practitioner Workbook）的作者戴维·B.罗森格伦（David B. Rosengren）博士也留言说，他很喜欢阅读本书里提到的那些"不符合动机式访谈的例子"，也会将这些素材运用到动机式访谈的教学、培训以及探讨之中，请动机式访谈的学习者或更有经验的从业者思考，为什么这些做法不符合动机式访谈，怎样做可以更符合动机式访谈。

第四，基础性。是否会有这样的书籍，能兼顾基础与进阶的内容，既满足高阶读者的需求，也适合初学者阅读，从而成为重要的参考读物呢？我个人认为，也许这本书在这些方面就平衡得很不错。我在动机式访谈的教学中观察到，很多初学动机式访谈的从业者，尤其是那些已经在自己的工作领域具备了一定经验的助人者，往往并不会"按部就班"地学习动机式访谈。这里绝无贬义，而是说有越来越多的学习者会主动关注、预想所学之方法与技巧的实务应用情况，并发起前瞻性讨论。在本质上，这体现了学习者的"批判性思维"，大家不会单纯地"按照演示文档的顺序"被动接收知识，而是希望提前了解或者有机会先站在高处纵览某种方法的全景，再来判断：在当今"信息大爆炸"的时代背景下，有那么多的助人方法可以选择，而且学哪个都要付出成本（如时间和金钱），那么这个方法是否最适合我，最值得我投入学习呢？如果你是动机式访谈的初学者，阅读本书可以开拓你的视野来认识和了解动机式访谈，从而坚定自己投入学习的决心与信心。另外，本书在内容设置上也有意兼顾了动机式访谈的基础，即在第一部分（前三章）进行了相应的介绍和回顾，而且针对每一个重要的知识点同样设置了"三档"参照点，旨在帮助读者对照自身，关注改进，加深理解。所以，无论你是动机式访谈的初学者，还是有一定经验的实践者，阅读这三章都会有很大的帮助。

第五，传承性。如前所述，当动机式访谈已经在2023年进行了第四版更新时，我们是否还值得读这本书呢？我个人认为，答案是肯定的。首先，动机式访谈并非无源之水，它的更新与变化都基于之前几十年来的积累和传承，而且即便进入了动机式访谈的新发展阶段，很多学者或从业者可能还会沿用之前的一些术语，所以如果学习者完全是"为了新而新"，不重视甚至完全抛弃动机式访谈之前的内容，那么很可能会"失去根基"，变成"枯木"，也就谈不上之后的"发展"了。其次，动机式访谈大部分的核心操作与重要理念依然延续留存，所以这些精神和技艺也会跨越时间，历久弥新。再次，我必须提到本书两位作者的严谨性，他们虽然通过本书讲解动机式访谈，但始终秉持实事求是的治学精神，提醒读者注意，动机式访谈在彼时的一些领域中，相应的研究支持证据尚有限，或者只是刚刚涌现。所以，在10年后相应的研究支持已经越来越多、逐渐丰富之时再读本书，我更加佩服两位作者的严谨求实，并由衷感谢众多的实践者、研究者（两位作者也在其中）为动机式访谈的发展与进步做出的扎实贡献。这可能也暗合了第四点中提到的"纵览全景"的体验，当然这一次是纵向的，是从动机式访谈的历史传承中看到了全景。

以上所述或许也是我们如何使用本书的一些出发点，或者是可能的收获之所在。我个人在阅读本书的过程中，无论是在个人实践能力的提升上，还是在对动机式访谈教学的促进上，都感觉很有帮助。于是我特别将它推荐给了中国轻工业出版社万千心理编辑部，希望引进和翻译这本书。我要特别感谢孙蔚雯编辑对于这次工作的支持和帮助，她给予了我充分的耐心，理解并支持我在动机式访谈的翻译中反复推敲，字字斟酌。同样，我也要感谢众多动机式访谈领域的同人，与我一起探讨、交流和推动动机式访谈在我国的发展与实践，包括江嘉伟老师、刘德辉老师、王保凤老师以及谢东老师。我还要感谢罗森格伦博士一直以来与我的交流和所提供的支持。当然，我最想感谢和提到的，是中国动机式访谈社区的各位伙伴。我想说，正是由于大家共同的努力，才有机会让动机式访谈在我国生根发芽。我也非常荣幸能与各位同行继往开来，共建、协作和分享关于动机式访谈的方方面面、点点滴滴！

感谢读者阅读本书，虽然倾尽全力，但个人局限所致，难免有疏漏错误，还请读者不吝指正。我的邮箱是 101407748@qq.com。再次感谢大家！

辛挺翔

2025年1月

于天津

致　　谢

我们永远感激威廉·R. 米勒博士和斯蒂芬·罗尔尼克博士全心全意的投入并促进着动机式访谈的不断发展与演进，将自己的知识慷慨无私地分享给大家。他们对于动机式访谈的贡献在指引着我们所有人！我们也很荣幸能成为动机式访谈培训师网络（Motivational Interviewing Network of Trainers，简称MINT）的成员，我们珍视与其他成员探讨动机式访谈的机会，并被大家的热忱所感染。作为研究者，我们有幸与国际动机式访谈研究社区的同事合作共事，他们通过客观、严谨和深入的评估，推进了我们对于应用动机式访谈的认识。正是通过这些研究者的工作，人们才加深了对动机式访谈的理解，获得了关于动机式访谈疗效的证据。我们衷心地感谢这些研究者。特别是，我们要感谢两位了不起的合作伙伴——斯科特·科菲（Scott Coffey）博士和克莱尔·莱恩（Claire Lane）博士，以及多年来我们有幸指导过的众多学生和研究员。我们对于动机式访谈的理解也是从我们所举办过的培训、治疗过的当事人以及督导过的案例中学习和收获的，从而与时俱进。所以我们要感谢那些学生、社区从业者以及当事人，是他们帮助我们更深入地认识与理解了如何实践和教授动机式访谈！也正是基于和这些人、这些团体共事的经验，我们才有能力和灵感来筹备并写作这本书。最后，我们还要感谢马戈·维拉罗萨（Margo Villarosa）对这本书的细致审阅。

目　录

第一部分　概述动机式访谈／1

第一章　介绍动机式访谈 ………………………………………… 3
　　动机式访谈有效果吗？ …………………………………………… 3
　　如何学习动机式访谈？ …………………………………………… 6
　　本书特色 …………………………………………………………… 9
　　目标读者 …………………………………………………………… 12
　　如何使用本书？ …………………………………………………… 13

第二章　基本理念与核心技巧 …………………………………… 15
　　什么是动机式访谈？ ……………………………………………… 15
　　动机式访谈不是这些 ……………………………………………… 16
　　动机式访谈的两个部分 …………………………………………… 21
　　动机式访谈的基本精神 …………………………………………… 22
　　四项原则 …………………………………………………………… 30
　　动机式访谈的核心技巧 …………………………………………… 34
　　改变语句与持续语句 ……………………………………………… 48
　　持续语句与不和谐 ………………………………………………… 53
　　本章总结 …………………………………………………………… 57

第三章 动机式访谈的四个过程 ··· 59
导进 ··· 60
聚焦 ··· 64
唤出 ··· 69
计划 ··· 74
四个过程的地图 ··· 80
动机式访谈的四个过程：促进健康的例子 ····················· 82
动机式访谈的四个过程：预防酗酒的例子 ····················· 85
本章总结 ·· 89

第二部分　应用动机式访谈处理临床挑战／91

第四章 较低的改变准备度 ·· 93
临床挑战1：缺席会谈 ·· 94
临床挑战2：不依从 ·· 105
临床挑战3：涉及司法议题的当事人 ··························· 117
本章总结 ·· 126

第五章 势头减弱 ·· 129
临床挑战1：进展缓慢 ·· 130
临床挑战2：反弹与复发 ··· 140
临床挑战3：过高的期待 ··· 151
本章总结 ·· 160

第六章 精神症状与障碍 ··· 163
临床挑战1：抑郁 ·· 164
临床挑战2：焦虑、创伤相关及强迫障碍 ····················· 183

临床挑战3：精神病性症状 …………………………… 199
　　本章总结 ………………………………………………… 212

第七章　与多人工作 ………………………………………… 215
　　临床挑战1：与父母工作 ………………………………… 216
　　临床挑战2：与团体工作 ………………………………… 224
　　本章总结 ………………………………………………… 241

第八章　学习与实施动机式访谈的挑战 …………………… 243
　　窍门1：设定现实的期望 ………………………………… 244
　　窍门2：保持开放的心态 ………………………………… 245
　　窍门3：获取客观的反馈 ………………………………… 246
　　培训挑战1：让从业者感到挫败的当事人 ……………… 247
　　培训挑战2：与从业者相似的当事人 …………………… 253
　　本章总结 ………………………………………………… 259
　　结语 ……………………………………………………… 260

参考文献 ……………………………………………………… 263

第一部分

概述动机式访谈

第一章

介绍动机式访谈

动机式访谈是从业者促进当事人改变的一种沟通风格,关于这方面更详细的说明请见第二章。现在,如果你刚接触动机式访谈,才开始展卷阅读这本书,那么你心里可能就在琢磨两个很关键的问题:(1)"动机式访谈有效果吗?";(2)"我如何学习动机式访谈呢?"而无论大家是动机式访谈的新手,还是已经有经验的动机式访谈从业者,大概也都会问:"读这本书可以让我有哪些收获呢?"所以,我们先就动机式访谈的这些重要问题给出答案,同时讲一讲本书的特色、目标读者,以及如何使用这本书。

动机式访谈有效果吗?

虽然动机式访谈起初是威廉·R. 米勒博士针对酒精使用障碍开发的(Miller, 1983),但自他发表第一篇动机式访谈论文的30多年来,动机式访谈已被成功地用于各类领域,促进了积极正向的改变,这些领域跨度广泛——从减少问题饮酒(Vasilaki, Hosier, & Cox, 2006),到减肥(Armstrong et al., 2011),到减少犯罪(McMurran, 2009),再到赞比亚挽救生命的清洁饮水行动(Thevos, Quick, & Yanduli, 2000)。毫不夸张地说,涉及动机式访谈的研究也在蓬勃发展,日新月异。伦达尔与伯克(Lundahl & Burke, 2009)就提到,他们在2009年3月将关键词"动机式访谈"输入研究数据库(PsycInfo)进行检索,发现在2000—2009年发表的文章有707篇!因此,一方面,动机式访谈的应用前景似乎宽广无限；而另一方面，对于希望运用动机式访谈的从业者来说，他们也需要知悉动机式访谈目前在各种应用中的支持证据（以及在某些情况下，证据并不支持动机式访谈的某些应用）。

近10年来[①]，运用元分析综述动机式访谈的文章至少已发表了4篇（例如，Burke, Arkowitz, & Menchola, 2003；Hettema, Steele, & Miller, 2005；Lundahl, Kunz, Brownell, Tollefson, & Burke, 2010；Rubak, Sandbaek, Lauritzen, & Christensen, 2005）。这些综述通过统计技术将众多临床随机试验的结果结合起来，因此所得出的关于动机式访谈效力的结论比只从单一研究中获得的结论更有力。总的来说，这些元分析研究都明确支持：动机式访谈是对于酒精和物质使用问题的有效干预，尤其是对比等待组、资料阅读组或非特定的常规治疗组。而对于上述问题的干预，动机式访谈一般是等同于且并不优于其他特定干预的疗效；但在一些案例中，动机式访谈似乎只需要更小的治疗剂量就能达到相应的效果（Lundahl & Burke, 2009）。研究者还发现，有越来越多的证据开始支持动机式访谈对于一般健康行为（如饮食和运动）与健康指标（如胆固醇、血压、身体质量指数[②]）的改善作用，以及对赌博问题、父母育儿和安全饮水等方面的帮助作用。研究者还没有发现动机式访谈对于改善情绪／心理健康、进食问题以及糖化血红蛋白（HbA_{1c}[③]）的支持证据，但务必说明目前有关动机式访谈干预进食问题以及糖化血红蛋白的研究还非常有限。关于动机式访谈干预HIV[④]高风险行为和干预吸烟的效果，元分析研究的结论并不一致。不过，最近有一些只聚焦于戒烟的系统性综述和元分析研究（Heckman, Egleston, & Hoffman, 2010；Hettema & Hendricks,

---

[①] 请读者注意，本书英文版成书于2015年，"近10年来"是指2004—2014年的时间段。而自2014—2024年的10年间，研究资料与证据支持又有了新的积累和更新。——译者注

[②] 英文为 Body Mass Index（简称 BMI），计算方法为用一个人的体重（千克）除以其身高（米）的平方。——译者注

[③] 该指标在临床上常用于对糖尿病控制的监测。——译者注

[④] HIV 是英文"human immunodeficiency virus（人类免疫缺陷病毒）"的缩写。——译者注

2011）已经提供了更有力的证据，表明动机式访谈对于戒烟是有效的。

需要注意，虽然动机式访谈的研究文献如雨后春笋般涌现，但也有一些颇具前景的动机式访谈研究领域尚处于起步阶段。所以这里要特别说明，鉴于我们作为动机式访谈的培训师不断收到越来越多的逸事证据，因此虽然对一些领域的研究支持还有限，但动机式访谈或许可以广泛地应用于这些领域。这样的领域有四个，分别是：（1）司法矫治领域；（2）团体治疗领域；（3）心理健康领域；（4）中学咨询领域。在司法矫治领域，动机式访谈虽然被广泛应用，但近期的一篇文献综述表明，对于动机式访谈在该领域应用的研究支持依然有限（McMurran，2009）。团体治疗领域的情况与之类似，有很多机构以及从业者更喜欢团体治疗，也会将动机式访谈应用在团体干预中，不过这方面的研究还不多，而已有的研究表明，团体形式的动机式访谈疗效不强（Lundahl & Burke，2009；Wagner & Ingersoll，2013）。关于动机式访谈在心理健康领域的应用，现在有了越来越多的讨论，例如，动机式访谈对于当事人参与治疗的促进，以及对于认知行为疗法干预抑郁及焦虑的效果提升（Arkowitz，Westra，Miller，& Rollnick，2008；Westra，2012）。伦达尔等人（Lundahl et al.，2010）发现了鼓舞人心的支持证据：动机式访谈影响非特定的治疗因素，包括促进治疗参与、增强当事人的改变意图和减轻当事人的痛苦困扰。不过，伯克等人（Burke，2011）也指出，现有研究还不足以得出整合动机式访谈与认知行为疗法一定会提升心理健康水平的明确结论。最后，在中学咨询领域，已有强力的证据表明动机式访谈可以有效地干预青少年的物质使用和健康行为（Jensen et al.，2011；Naar-King & Suarez，2011），但关于动机式访谈提升中学生学业成就或降低其辍学率的研究不多。不过，有关应用动机式访谈提升学业成就以及入学率的探讨已经开始增加（Atkinson & Woods，2003；Frey et al.，2011）。综上，鉴于有关动机式访谈的研究和发现不断涌现，且时常带来惊喜，我们建议动机式访谈的从业者随时关注和更新动机式访谈的文献[①]，

[①] "中国动机式访谈社区"也致力于更新整理动机式访谈的文献清单，欢迎感兴趣的读者关注。——译者注

确保将它用于可用之处,并避免在无效的领域使用它。

如何学习动机式访谈?

因为动机式访谈应用广泛,所以动机式访谈的学习者也来自很多专业或领域,包括但不限于:护士、糖尿病健康教员、医生、咨询师、社工、心理师或心理学工作者、成瘾干预的专业人员、缓刑或保释监督官、受虐待妇女权益保护者,以及希望学习动机式访谈来帮助他人做出积极改变的非专业人士(Madson, Loignon, & Lane, 2009; Soderlund, Madson, Rubak, & Nilsen, 2011)。虽然来自不同专业与背景的人们学习动机式访谈各有各的难点和挑战(Schumacher, Madson, & Nilsen, 2014),但积极的一面是,已有证据表明这些来自不同背景及专业的学习者在实操动机式访谈时可以达到同等的效果(Barwick, Bennett, Johnson, McGowan, & Moore, 2012; Lundahl et al., 2010)。

虽然动机式访谈的跨学科应用性日益增强,但也有越来越多的研究表明,动机式访谈既"不依习惯",也不容易学(Miller & Rollnick, 2009)。我们两位作者——学习动机式访谈,培训不同领域的学员,还做过对动机式访谈培训的研究,加起来已有21年的经验——也认同这个结论。很多专业工作者或非专业人士可能感觉动机式访谈既熟悉,又符合直觉;但动机式访谈其实有很多做法都与那些"助人改变"的传统方法完全相反。实际上,许多受训学员(包括我们自己!)眼中再自然不过的一些思路与做法并不符合动机式访谈的理念和操作。例如,从业者听到当事人讲述目前遇到的问题就迅速给出建议(例如,"你何不试试……",或询问"你试过……了吗?");或者,从业者认为有些改变对于当事人是必要的或重要的,但当事人讲了不认同、不支持或者反对的话,然后从业者对此进行面质。有时,面质甚至是出于善意的。例如,当事人说:"我根本就做不到。"从业者回应:"不,你可以,你能做到!"

从业者要达到动机式访谈相应的熟练度,所必经的训练类型和训练量尚不明确，但肯定要比我们通常认为的多很多。工作坊是最普遍的继续教育形式，不过研究表明，工作坊培训一般无法实现相应的水准提升，或者提升只是昙花一现，难以持久（Walters, Matson, Baer, & Ziedonis, 2005）。而且，如果培训是出于所属单位的安排或要求（Miller & Mount, 2001），而非学员的自主需求（Miller, Yahne, Moyers, Martinez, & Pirritano, 2004），那么上述局限可能会更加明显。米勒及其同事（Miller et al., 2004）发现，对于学习动机较强（自主前来并自费学习）且兼具高基线水准技巧的从业者而言，动机式访谈的培训效果如下：(1) 一次为期2天的工作坊可以带来显著的技能提升，但不能长期维持技能水平；(2) 少量的反馈或教练（coaching）都有助于维持培训的收获；(3) 只有将反馈和教练相结合，学习者才能在动机式访谈的会谈中引导出当事人话语上的合意变化①。进一步看米勒等人（Miller et al., 2004）的这项研究，他们的发现表明：培训、反馈及教练相结合的模式足以让大多数（但不是所有）学习者达到并保持入门级水准的动机式访谈胜任力，但很少有从业者只通过这种形式的训练就能达到专家级水准的动机式访谈熟练度。如果读者对于"如何成为专家"这一领域的文献著作有所涉猎，那么这些可能也在你的意料之中——要成为某个领域的专家，一般都需要经过大量有督导的练习和实践（Ericsson & Charness, 1994）。后来，莫耶斯等人（Moyers et al., 2008）又重复了这项研究，尤其聚焦于那些基本咨询技巧较弱并且学习动机式访谈的动机也较低的从业者，在他们身上检验了上述培训模式的效果。他们发现，只有4.3%～10.3%的被试能够达到动机式访谈入门级水准的胜任力／熟练度的全部标准，而很多培训效果还会在4个月后的追踪随访时下滑，并且个性化的反馈与个案磋商都没有改善这个结果。另外一项研究考察了实时督导②（live-supervision）的效果，同样发现：对于很多从业者而言，在工作

---

① 即增加改变语句，减少持续语句。——译者注

② 督导师与受督者通过电话（经改装的入耳式电话）连线，在会谈中为后者实时提供干预上的建议；这种形式的督导也可以在会谈外及会谈结束后进行。——译者注

坊培训后接受五次督导会谈，是不足以达到相应熟练度水平的（Smith et al.，2007；Smith et al.，2012）。

我们在自己的研究中也有相似的发现：含有体验式学习活动（如技巧练习和真实出演①会谈）的培训能让很多从业者达到入门级水准的动机式访谈熟练度（Madson，Schumacher，Noble，& Bonnell，2013）。但在这类培训后，很少有人可以达到专家级水准。相反，当我们对从业者的会谈录音样本进行编码并提供反馈及教练时，就会有更多的从业者接近或达到专家级水准（Schumacher，Madson，& Norquist，2011；Schumacher，Williams，Burke，Epler，& Simon，2013）。从逸事证据的角度看，我们也观察到，在这些教练性质的会谈中，受训的从业者对于动机式访谈及其精神，以及如何以符合动机式访谈的方式运用方法和技术，都有了更深入的理解。

综上所述，可以明确的是，虽然动机式访谈应用广泛，而且看似直观，但如果没有接受过正式的训练及教练，那么动机式访谈的技艺是很难建立起来的。而且对大多数人而言，发展动机式访谈扎实的专业储备需要进行大量训练及教练——即使对于在心理咨询或治疗上已经很有经验的从业者而言，也是如此（Schumacher et al.，2013）。所以开诚布公地讲，我们认为仅靠阅读本书然后自行应用其中的理念和技巧并不能使读者成为动机式访谈的专家。动机式访谈是一种更全面的沟通风格和治疗取向，它所涵盖的内容远远超过了"单纯针对具体的情境而应用特定的技术"（Miller & Rollnick，2009）。不过，也有一些干预形式只是对动机式访谈的理念及做法进行了选择性应用，这同样有助于提升疗效，例如，在急诊情景下"针对酒精问题的筛查及短期干预"就部分应用了动机式访谈。

---

① "真实出演"有别于"角色扮演"，前者只是谈论自己的真实经历，后者则扮演拟定的角色。——译者注

本 书 特 色

本书总结了我们数十年的经验,内容涉及:(1)与当事人进行动机式访谈的会谈;(2)开发、实施和研究动机式访谈的新应用(例如,Madson, Bullock-Yowell, Speed, & Hodges, 2008;Schumacher, Coffey, et al., 2011;Zoellner et al., 2011);(3)向动机式访谈的专家级培训师调研并回顾相关文献,包括大家是如何学习动机式访谈的,觉得动机式访谈的哪些内容最难学或最难做,以及何种形式的培训有助于这类学习(Madson, Lane, & Noble;2012;Madson, Loignon, & Lane, 2009;Schumacher et al., 2012;Schumacher, Madson, & Nilsen, 2014;Soderlund et al., 2011);(4)为众多治疗师、本科生和研究生、成瘾咨询师、护士、心理健康专业人员、专职医疗人员、医科学生及医生、缓刑或保释监督官以及非专业的志愿者进行了动机式访谈的培训和教练(例如,Madson, Landry, Molaison, Schumacher, & Yadrick, in press;Madson et al., 2013;Madson, Speed, Bullock-Yowell, & Nicholson, 2011;Schumacher, Madson, & Norquist, 2011;Schumacher et al., 2013);(5)开发并测评了一些评估动机式访谈胜任力/熟练度的方法,促进了动机式访谈的教练(Madson, Campbell, Barrett, Brondino, & Melchert, 2005;Madson & Campbell, 2006;Madson et al., 2013)。本书专为注重实务工作的读者而写,如果你希望在通读或部分阅读本书后,不仅能收获关于动机式访谈的知识,还能将这些理念与原则应用在日常工作之中,那么这本书很适合你。

本书在结构上分为两大部分,分别是:"概述动机式访谈"(第一至三章)和"应用动机式访谈处理临床挑战"(第四至八章)。

米勒于1983年发表了动机式访谈的第一篇论文,随后米勒和罗尔尼克于1991年共同写作并出版了动机式访谈的第一本教科书,自那以后,动机式访谈不断发展演进,已经有了迭代和变化(Miller & Rollnick, 2002;Miller & Rollnick, 2013)。虽然动机式访谈的核心成分没有变,但其定义、重点以及术语体系都已经与时俱进地发生了变化。这也是因为研究者越来越多地揭示了动机式访谈"如何"以及"为何"能够帮助人们改变（Miller & Rose，2009），以及从业者可以怎样学习动机式访谈（Miller & Moyers，2006）。所以本书在第二章和第三章概述了动机式访谈，向读者清晰、简洁且与时俱进地介绍了动机式访谈当下的基本理念、实务操作以及开展过程。此外，这几章还通过相应的案例素材和所列举的"不符合动机式访谈""有些符合动机式访谈"以及"符合动机式访谈"的回应示例，来呈现和讲解动机式访谈的核心理念，而这些素材也涉及不同的工作领域（例如，医疗保健、物质滥用治疗、司法犯罪以及心理健康等领域）。

本书关于应用动机式访谈处理各种临床挑战的章节（第四至八章），主要发展自我们作为动机式访谈的培训师多年来与不同领域学习者进行合作的经验。通常，受训学员都想知道如何将所学的做法、理念及过程应用于处理各种特定的临床挑战。虽然这些临床挑战有很强的特异性，跟具体学员所在的工作设置有很大的关系，但学员所提问的内容其实具有一定的共性。比如，他们会问："如何运用动机式访谈让当事人更主动地参与探讨治疗方案？""如果当事人想让我替他做所有的工作，那该怎么办？""怎么帮助那些不依从治疗的当事人？"当我们尝试回答学员的这些问题时，以及在本书的第四至七章展开这些主题时，我们发现，多数时候，答案其实都很简单："也许我们在这次会谈刚开始时，可以通过设定议题①或者通过引出-提供-引出，来导进②当事人。"当然还有一些时候，答案更加复杂，而且从业者需要调整的不仅仅是与当事人互动的言行，还包括自己的认知以及对待当事人的基本心态。我们

---

① 在认知行为疗法中，"agenda"习惯翻译为"议程"。在动机式访谈中，"agenda"习惯翻译为"议题"，强调这是一个与当事人合作发现他们看重的、希望侧重探讨哪些（或哪个）"话题／主题"的过程。因此在本书中，"议题"或"议程"可根据语境灵活地切换使用。——译者注

② 导进（engage）是动机式访谈的基本过程之一，即"创造条件使当事人参与进来"。——译者注

希望能给大家一些清晰、明确的建议，帮助各位在日常工作中应用动机式访谈的理念、原则与技巧，处理那些最常见的难点和挑战。

我们在第四章，探讨了如何运用动机式访谈来处理与"较低的改变准备度"有关的临床挑战。我们分别聚焦了"缺席会谈"和"不依从"这两种非常普遍的情况，最后还特别探讨了如何促进涉及司法议题的当事人的参与。即便不是在司法相关的设置下工作，大家可能也会对这部分感兴趣，因为有很多当事人感觉自己在被亲人、工作单位或其他第三方人士"强制"改变，这与涉及司法议题的当事人的情况很相似。在第五章，我们深入解析了"势头减弱"这一类临床挑战。我们探讨了如何运用动机式访谈来帮助进展缓慢或者遭遇退步（反弹或复发）的当事人，以及对改变或进步抱有不切实际的过高期待的当事人。

第六章虽聚焦于"精神症状与障碍"，包括抑郁障碍、焦虑障碍、创伤及应激相关障碍、强迫及相关障碍以及精神病性障碍，但非心理健康领域的从业者可能对此也很感兴趣。首先是因为精神障碍的患病率高，经历这些症状或障碍的当事人可能存在于各种助人领域，而在这些领域又都可以运用动机式访谈；其次是因为与这些症状及障碍有关的临床挑战，如难以专注、思维混乱以及缺乏动机，在没有罹患精神症状或障碍的当事人那里同样常见。在第七章中，我们探讨了运用动机式访谈处理"与多人工作"时的挑战，分别探讨了"与父母工作"以及"与团体工作"时的情况。

在第八章中，我们基于自己多年以来培训动机式访谈的经验，为大家提供了一些学习动机式访谈的窍门与方法。我们也探讨了很多从业者可能都会遇到的、妨碍学习和实施动机式访谈的两种挑战，分别是：(1) 与困难个案工作时的挫败感；(2) 路径依赖，即假设有助于解决自己的问题（如戒烟、戒酒、减肥等改变）的方法对当事人来说也是最佳方案。如前文所述，学习动机式访谈并没有"一蹴而就"的方法，不过我们也发现，如果遵从一些窍门或策略，并有针对性地处理第八章的那些挑战，或许会更有助于一些从业者学习和实施动机式访谈。

目标读者

本书的目标读者是那些希望运用动机式访谈的理念和技巧来帮助并引导他人做出积极正向的改变的人（无论是收费业务还是志愿服务）。本书同样可供动机式访谈的专家、正在学习动机式访谈的从业者以及之前从未接触过动机式访谈的人（包括学生）参考使用。已达到专家级水准的动机式访谈从业者可以通过阅读本书的第二至三章更高效地获得有关动机式访谈理念、操作以及过程的知识更新。专家从业者还可以通过第四至七章了解到如何运用动机式访谈处理在自己工作设置之外的常见临床挑战。对于正在接受动机式访谈训练的人来说，本书言简意赅的理论回顾以及对于处理常见临床挑战的指导可作为夯实动机式访谈学习的补充材料。对于动机式访谈的纯新手而言，本书简洁易读，清晰地介绍了什么是动机式访谈，以及如何将它应用在不同的领域和情境中，以改善临床实践并提升疗效。虽然本书适合那些想要达到动机式访谈专家级水准的从业者阅读，没有动机式访谈基础的读者读完本书的第四至七章（处理常见的临床挑战）之后或许也会觉得相应对策的实操性很强，方便上手操作；但是这本书并不能取代动机式访谈的正式培训及教练。本书的第四至七章还可以作为第三版《动机式访谈法——帮助人们改变》（*Motivational Interviewing: Helping People Change*）[①]一书的重要补充，或作为正式的动机式访谈培训工作坊的扩展素材。

需要注意的是，在不同的专业领域，甚至是在同一领域的不同设置下，对于被服务的人群和提供服务的人都有很多称谓。考虑到跨领域及跨设置助人工作的共性，我们在本书中将统一使用标准化的术语体系。我们会使用"当事人（client）"一词来指任何接受动机式访谈的人，并使用"从业者（provider）"一词来指各位读者。因为无论你在自己的单位或机构（无论性质是收费服务

[①] 文中提到的第三版于2013年出版。该书第四版已于2023年8月出版。——译者注

还是志愿服务）中的具体工作或角色如何，你都在为帮助自己的服务对象做出积极正向的改变而尽一份力。虽然书中很多关于动机式访谈应用的具体例子看似只对应特定的设置或人群，不过我们在选取和写作所有例子时，都考虑了它们可以被大多数甚至所有的动机式访谈从业者使用，从而让大家更好地领会动机式访谈的理念与操作。所以我们推荐大家通读这些例子，而不仅仅阅读与你的工作设置有关的谈话例子。

正如米勒和罗尔尼克（Miller & Rollnick，2013）所言，动机式访谈是一种至诚为人的取向，从业者会将他人的需求置于自己的需要之上。所以，本书不适合那些试图使用其中的操作来促进自身利益或操纵他人的读者。但鉴于从业者所处的工作环境有别，在相应的环境下，他们与当事人的关系可能也会不同，所以从业者将当事人的最大利益置于自身的利益或所在组织的利益之上的能力，恐怕也很难通过指导就获得提升。在第四章中，我们讨论了如何运用动机式访谈与涉及司法议题的当事人工作，我们特别探讨了从业者可以如何至诚为人地运用动机式访谈来与那些被强制或被要求但自己并不想求助的当事人进行工作，相应地，我们也给出了这方面的工作指南。最后还要说一点，虽然我们培训的很多专业人员或志愿者作为父母或伴侣中的一员都报告，运用反映性倾听和开放式问题（这些技巧并非动机式访谈独有的）可以有效地改善其私人关系中的沟通与交流，但本书并不是为那些希望在与配偶、子女或朋友的私人关系中应用这些技巧的读者所写的。

如何使用本书？

动机式访谈的新手可以通读本书，有经验的动机式访谈从业者可以选择性地阅读有关的章节。本书依照案头参考书的体例设计，以便于读者快速查阅。如果你遇到特定的临床挑战，或者觉得助人工作受阻停滞了，那么建议你浏览本书的目录，选择对应的章节来阅读。例如，如果你的当事人开始失约，而你怀疑这也许是因为对方对过来见你感到紧张，就可以参考第四章中的"临床挑战1：缺席会谈"一节以及第六章中的"临床挑战2：焦虑、创伤相关及强迫障碍"一节。总之，我们希望读者将本书作为一本有益的指南，从而将动机式访谈的理念和技巧运用起来，处理和解决那些常见的临床挑战。

第二章

基本理念与核心技巧

什么是动机式访谈？

最早关于动机式访谈的介绍是：一种基于卡尔·罗杰斯（Carl Rogers）的以人为中心疗法与社会心理学原理（如"认知失调"及"自我效能"等理论）的咨询方法，以促进当事人对其问题饮酒行为的改变动机（Miller，1983）。不过，在后续30多年的发展中，动机式访谈的定义也与时俱进，愈加广阔，涵盖了一系列专业领域以及人群。在2009年，米勒和罗尔尼克将动机式访谈重新定义为"一种协作且以人为中心的、唤出及加强改变动机的引导方式"（Miller & Rollnick，2009，p. 137）。而在2013年，米勒和罗尔尼克再一次扩展了动机式访谈的定义①，对于动机式访谈是什么，它如何起作用，以及为何要运用动机式访谈，都做出了更全面的阐述。这一次，动机式访谈的定义也被扩展成了三个层次（Miller & Rollnick，2013）。

> "动机式访谈是什么？动机式访谈是人与人之间——通常是一位从业者和一位当事人之间——关于改变的对谈。遵循动机式访谈风格的从业者不会直接告诉当事人要怎样做，而是会与当事人同工协作，从而加强他们自己的改变动机。

---

① 在2023年，米勒和罗尔尼克对动机式访谈的定义再次进行了更新。——译者注

"为何运用动机式访谈？因为动机式访谈关注当事人自己的改变动机，特别是他们对于改变的矛盾心态。这种矛盾心态是普遍的体验，但也需要关注和处理，否则会妨碍当事人迈向改变（Wagner & Ingersoll，2013）。

"动机式访谈如何起作用？动机式访谈取向的从业者会与当事人建立协同合作的关系，促进双方参与到围绕改变的谈话中来。在这样的对谈交流中，从业者会留意和关注当事人有关改变的话语，并且有目的、有方向地运用沟通技巧来引出和探索当事人自己倾向改变的主张，同时软化及淡化当事人有关维持现状的主张（Miller & Rose，2009；Wagner & Ingersoll，2013）。"

同时，我们也发现有共性的内容体现并贯穿于这三个层次之中，即任何动机式访谈的沟通互动、培训学习或者相关研究都具有的必要元素，包括以下几点。

- 动机式访谈是一种具有意向的、围绕并旨在改变的特定沟通风格。无论是在咨询时、在评估／测验反馈时，还是在提供督导或个案磋商时，从业者都可以运用这种沟通风格。
- 动机式访谈是合作性的。在运用动机式访谈时，从业者的角色定位是伙伴和搭档——而不是专家！
- 动机式访谈是唤出性的。在践行动机式访谈时，从业者聚焦于唤出当事人对于改变的动机和想法，而不是给他们开方子。

动机式访谈不是这些

在2009年，米勒和罗尔尼克尝试澄清一些有关动机式访谈的迷思。他们汇总了人们对于这种取向的常见误解，并给出了具体的澄清说明，包括以下几个方面。

动机式访谈并非基于改变的跨理论模型

改变的跨理论模型（transtheoretical model，简称TTM）及其对应的改变阶段，呈现了取决于个体改变准备度（readiness to change）①的一系列关于改变的态度、意图以及行为（Connors，DiClemente，Velasquez，& Donovan，2013）。特别是，这些对应不同准备度的改变阶段（前思考期、思考期、准备期、行动期以及维持期）构成了一个框架，帮助我们考虑当事人在改变历程中所处的位置（Prochaska & DiClemente，1983）。处在前两个阶段的当事人不具备改变的决心。在前思考期，当事人觉察不到任何改变的需要。在思考期，当事人会开始考虑改变或不改变的各种利弊。在准备期，当事人会制订计划，准备方案，以着手改变。在行动期和维持期，当事人会主动地行动起来去修正原有的某种行为，或者维持已经做到或达成的某些改变。

一些关于动机式访谈的早期著述会将之与改变的跨理论模型联系在一起（DiClemente & Velazquez，2002；Miller，1983；Substance Abuse and Mental Health Services Administration②，1999）。这也常会让人们以为，如果没有跨理论模型，就没有动机式访谈的应用。虽然动机式访谈可以和改变的跨理论模型很好地结合使用，尤其是对应具体的改变阶段，但它其实独立于改变的跨理论模型。而且对于前思考期、思考期以及准备期的当事人，动机式访谈会更有帮助，其价值可能大于在行动期或维持期的作用（Adams & Madson，2006）。所以，跨理论模型是给出了一种考量"当事人在改变历程中进展如何"的方式，而动机式访谈则提供了一种与众多改变理论都匹配适用的循证沟通方法（Naar-King & Suarez，2011）。虽然动机式访谈可以应用于特定的改变阶段，但对它的运用在本质上是独立的，并不与这些阶段捆绑。

---

① "准备度（readiness）"指人们对于做改变的准备状态及条件。如果改变的准备度高，则表明这个人已经准备好进行下一步行动了。——译者注

② 简称SAMHSA，即美国物质滥用与心理健康服务署。——译者注

动机式访谈不是操纵别人去做他们本不想做的事

我们在培训中发现，有很多人都提到过动机式访谈很像"逆反心理学（reverse psychology）"。所谓逆反心理学，是指一个人想让对方接受某种信念或行为，但这个人恰恰会提倡或鼓吹相反的内容，其目的是套路和操纵对方去做某些对立的事情。不过，这不仅不是动机式访谈，还有悖于动机式访谈的根基——实践动机式访谈所必需的至诚为人，以及动机式访谈的伦理要求（Miller & Rollnick, 2013）。实际上，要践行动机式访谈，就需要从业者关注和聚焦当事人的关切与顾虑，以及他们对于问题的看法和动机，而且要清醒地认识到并承认：当事人对于选择最适合自己（而非从业者的目标）的解法与方案具有自主性，他们有权做决定。

动机式访谈不是一种技术

我们不能只在表面上"动机式访谈"某个人！动机式访谈虽然看起来容易，但它其实是一种复杂的、有意向的且有规划的沟通过程，要求从业者主动且有方向地倾听，以及有的放矢地规划和选择相应的策略及方法。同时，动机式访谈的从业者还需要时刻留意和遵循动机式访谈的基本精神。如果忽略了这种精神，只将动机式访谈作为一种技术，恐怕从业者就只是在完成某种套路，而不是在真正地运用动机式访谈。我们也见过许多受训者会用"走一遍套路"的方式操作动机式访谈，其结果往往导致干预效果不佳。

动机式访谈不是单纯的权衡决策

权衡决策是引出改变语句的一种方法。但即便不用权衡决策，动机式访谈也有很多其他可以使用的方法和策略（Rollnick, Miller, & Butler, 2008; Rosengren, 2009）。而且，我们在培训和教练中发现，有些学员会错误地认为只要自己使用了权衡决策的活动，就是在运用动机式访谈，却完全忽略了动机式访谈的其他原则与策略。因此，当从业者使用权衡决策时，不一定就是符合动机式访谈的。

动机式访谈不只是一种以人为中心或其他形式的心理疗法

马德森、舒马赫及博奈尔（Madson, Schumacher, & Bonnell, 2010）比较并总结了动机式访谈与以人为中心疗法（Rogers, 1959）之间的异同。现在，我们继续这种比较，将动机式访谈与其他常见的心理疗法——对照，来为读者呈现动机式访谈与它们的区别（见表2.1）。实际上，动机式访谈是一种沟通的风格，而非某一类型的心理疗法，所以动机式访谈的应用范围也更为广阔。而这种多元、广阔的应用性也让动机式访谈在各种学科和领域中（无论是否涉及心理健康或对物质滥用的治疗）都获得了蓬勃发展。

表2.1 动机式访谈与其他常见心理疗法的比较

特征	以人为中心	动机式访谈	认知	行为
方向性	跟随	引导	指导	指导
在会谈中关注	感受	改变语句	认知	行为
形式属性	心理疗法	沟通风格	心理疗法	心理疗法
接触时长	长程	短程	短程	短程
必要成分	核心条件	精神	挑战适应不良的想法/信念	学习与问题行为相反的健康行为
在会谈中注重	探索	增加改变语句，减少持续语句	适应不良的想法和信念	问题行为
改变要素	解决不一致性	改变语句	学习适应性想法和信念	学习健康的行为
人格理论	有	无	有	有
心理病理观	不一致性	无	习得的思维模式	习得的行为

动机式访谈并不容易

已有大量研究表明：动机式访谈的胜任力需要经过技巧练习以及反馈教练，才会先逐步达到基本的熟练度水准（Madson, Loignon, & Lane, 2009; Madson, Schumacher, Noble, & Bonnell, 2013; Schumacher, Madson, & Norquist, 2011; Walters, Matson, Baer, & Ziedonis, 2005）。实际上，目前动机式访谈培训的金标准已包含了观察、练习、反馈和再练习（Miller, Yahne, Moyers, Martinez, & Pirritano, 2004）。同样，动机式访谈也并非只局限在"做"上。我们两人学习、练习、实践、培训以及评估动机式访谈的时间加起来也有21年了。在此期间，我们的进步与变化不仅体现在技巧或技术上，还体现在心态上——虽然这也基于我们旧时曾学过的"如何与当事人工作"，但还是不太一样的。我们发现，作为心理师，我们自己学习动机式访谈的个人经历跟其他学科或领域的专业人士学习动机式访谈的经历是一致的——特定的沟通风格及心态需要做出调整，并逐渐习惯与适应，从而发展形成一种符合动机式访谈的"身体力行"（Schumacher, Madson, & Nilsen, 2014）。

动机式访谈不是万能的

动机式访谈并不是解决一切问题的万能仙丹，有一些情况也不适用于动机式访谈。例如，当一个人能积极主动地改变行为时，我们就可以使用一些更为主动的行为改变干预。在这种时候使用动机式访谈也许不适当（Adams & Madson, 2006）。不过，需要特别注意的是，行为的改变是起伏的、不稳定的。所以，在这些情况下，我们可以将动机式访谈与其他干预相整合（Westra, 2012）。实际上，鉴于动机式访谈是一种聚焦于当事人改变的沟通风格，因此它也能够顺利地与各种传统的改变或干预取向整合在一起——这些传统的方法或取向包括：用药管理（Interian, Lewis-Fernández, Gara, & Escobar, 2013）、个案管理（Leukefeld, Carlton, Staton-Tindall, & Delaney, 2012）、患者教育（Gance-Cleveland, 2007），以及认知行为疗法（Naar-King, Earnshaw,

& Breckon，2013）——这些可能都是大家目前正在使用的。所以，本书的一个主要目标是帮助读者学习如何整合动机式访谈与自己目前所用的方法取向，从而处理和应对你与当事人工作时可能会遇到的一些挑战。

快速查阅

动机式访谈不是什么

- 基于改变的跨理论模型
- 逆反心理学
- 一种技术
- 单纯的权衡决策
- 以人为中心疗法
- 某种形式的心理疗法
- 容易学习或运用
- 可以解决一切问题的万能方法

动机式访谈的两个部分

在2009年，米勒与罗斯（Rose）提出了一个理论，阐释了动机式访谈是如何通过"关系"与"技巧"这两部分的结合来促进改变的。动机式访谈的关系部分和技巧部分不但不是互斥的，还被认为是动机式访谈的"后台进程"（Madson et al.，2013；Martino et al.，2008；Moyers & Martin，2006）。

关系部分：此部分根植于卡尔·罗杰斯的以人为中心疗法，包括共情、肯定、非评判以及支持自主性的咨询风格，旨在创造一个安全的环境，使当事人可以置身其中，探索自己的愿望、恐惧以及关切和顾虑（Moos，2007）。换言之，从业者不强加议题或议程，不做有条件的接纳，也不跟当事人辩论或面质对方，而是主动地倾听当事人话里讲到的或其中未言明的信息，从而继续保持符合动机式访谈的风格。

技巧部分：这是在关系部分的基础上，从业者运用技巧和策略尝试在会谈中引出当事人的改变语句，并减少他们的持续语句，最终旨在唤出当事人改变的决心／承诺（Amrhein, Miller, Yahne, Palmer, & Fulcher, 2003；Miller & Rose；2009；Moos, 2007）。换言之，从业者与当事人工作时，是在有方向、有思路地倾听，在做符合动机式访谈的行为，同时也在运用方法策略以引出和强化当事人关于改变的愿望、能力、理由以及需要等方面的话语（Moyers & Martin, 2006）。

动机式访谈的基本精神

动机式访谈的根基，通常也被称为其"精神"，在所有动机式访谈从业者与其当事人的关系中都存在。它可被概括总结为四点特征，分别是：合作、唤出、接纳以及至诚为人（Miller & Rollnick, 2013）。这些特征是从业者成功运用动机式访谈的必要条件，其重要性高于任何一种具体的方法或策略。实际上，只有基于动机式访谈的精神，动机式访谈风格的沟通对谈才可能得以展开。因此，我们也要对动机式访谈精神的每一个特征进行细化阐述，并通过"不符合动机式访谈""有些符合动机式访谈"以及"符合动机式访谈"的例子来分别说明。

合作

当事人与从业者之间的合作关系是动机式访谈的基础。也就是说，从业者不是去指导当事人或预设并利用权力上的不对等，而是和当事人一起参与到关于改变的讨论之中。从业者还要明白并谨记：自己是具备一定的专业知识及经验的；但同时，当事人也具备有关其自身改变以及先前努力的知识和经验。作为动机式访谈的关键要点之一，合作也体现在将改变交还给当事人（或由其掌控）。因此，动机式访谈的合作关系是协助性的（对改变有促进或有贡献），而非矫正性的。

不符合 / 有些符合 / 符合动机式访谈合作的例子

当事人说:"你看,我就抽了一小口'叶子'①而已。我觉得不是什么大问题,我就是药检没过嘛,然后就被他们弄这儿来了。所以,我必须得戒了,虽然我觉得其实这也不是什么问题。"

不符合动机式访谈:"抽'叶子'违法,而且违反你的工作条例。如果你想戒掉,这个治疗课程可以帮你重回正轨。"

我们认为这样的回应是不符合动机式访谈的,因为从业者先入为主地预设了一种专家/权威角色。在这种角色下,从业者不会像搭档或伙伴一样沟通,而是会直接"告知"对方现在是什么情况以及他要怎么做。这种回应更有可能加剧当事人与从业者之间的不和谐(后文将探讨这种现象),而非培养合作。

有些符合动机式访谈:"你是被要求的,只有做出改变才能保住工作,同时你自己不是很有动力。我向你介绍了我们的治疗课程。你看这可以怎样帮到你呢?"

这个回应有些符合动机式访谈,但并不完全符合。从业者反映了当事人对于被强制改变的体会,并尝试引出当事人自己的看法或方案。不过,从业者仍然表达了当事人必须想明白怎样好好利用这个治疗课程,这体现了一种专家角色。

符合动机式访谈:"听起来,你其实很无奈,你觉得是被他们逼着、被要求做改变的。既然外在环境已经如此了,我也在想我们是否可以头脑风

---

① 即大麻。根据《中华人民共和国禁毒法》,"鸦片、海洛因、甲基苯丙胺(冰毒)、吗啡、大麻、可卡因,以及国家规定管制的其他能够使人形成瘾癖的麻醉药品和精神药品"均属于毒品范畴。——译者注

暴一番，一起想出一些点子，看看可以怎样好好利用我们会面的时间？"

这是符合动机式访谈的合作式回应。从业者承认了当事人对于这次会谈的自身感受，没有一上来就纠正大麻使用的问题。而且从业者采用了一种平等的方式来询问两个人可以如何更好地利用这段时间。这段话同样表达了从业者希望与当事人合作，共同想出和找到最优的会谈安排，而不是直接强加某个议题或议程来加以讨论。因此，这两个人是搭档或伙伴的关系。

唤出

很多传统的改变取向更注重确定当事人所缺少的东西或需要填补的"窟窿"（如药物、知识或技能）。所以，从业者通常会采用一种开方子的方式来决定当事人需要什么，并告知他们要怎样改变。而当事人往往会回应说这些方法如何不管用，也就是将从业者提议的方法推了回去。相反，遵循动机式访谈风格的从业者不会陷入这种拉扯或辩论，而是着重引出当事人自己的信息（Miller & Rollnick，2002）。要从当事人那里引出的信息包括：(1) 他们对于某种问题的看法或观点；(2) 他们为什么想要或需要改变；(3) 他们或许可以怎样改变；(4) 他们的个人目标及价值观；(5) 他们为什么不想改变；(6) 他们为什么想要维持现状。虽然当事人可能并不具备"理想强度"的动机，但每个人或多或少都会有一定程度的改变动机，每一位当事人也都会有自己的志愿、价值观以及关心在意的事物。动机式访谈的目标之一就是在改变的焦点与当事人所看重的内容（价值观）之间建立一种具有个人意义的联结。在了解了当事人的渴望与观点之后，从业者就可以唤出当事人自己对于做改变的主张了，即动机式访谈中的"改变语句"。

不符合 / 有些符合 / 符合动机式访谈唤出的例子

当事人说："嗯，我来这儿是因为医生说我需要在做手术之前先跟你聊聊调节饮食和锻炼的事。"

不符合动机式访谈:"你来这儿就对啦。我们需要让自己保持健康的饮食,并且每天锻炼。我这边有一个非常好的方案,特别有效。"

这是不符合动机式访谈的回应,因为从业者并未从当事人那里唤出任何信息。而且从业者过早地聚焦了改变的目标,并在扮演一种专家/权威的角色,并没有尝试了解和理解当事人对于这件事的看法。而这个谈话的走向很可能是当事人以"这个方案为什么不管用"进行回应。所以,从业者缺少了对当事人的理解,可能会唤出更多的持续语句,而不是改变语句。

有些符合动机式访谈:"谢谢你听从了医生的建议,今天来这里咨询。那么关于饮食,哪些方面是你应该改变的呢?"

这个回应有些符合动机式访谈,但并不完全符合。从业者先以符合动机式访谈的方式肯定了当事人按照医生的要求来访,并询问了开放式问题。但从业者所提的这个开放式问题又以一种非合作的方式聚焦了改变,即从业者没有征询当事人的意见,就自行选择了谈话的重点。而且,使用"应该"这种措辞也在表达当事人是必须做出一些改变的。

符合动机式访谈:"听起来,是医生想让你过来跟我一起探讨饮食和锻炼的。对于过来找我咨询,你自己怎么看呢?"

这是符合动机式访谈的唤出式回应。从业者不但反映了当事人对于转介的理解,而且在引出当事人自己对于这次咨询的看法。这个回应在表达:当事人的看法对于本次谈话非常重要。借此,从业者可避免过早聚焦及预设专家角色。同样,这种回应还可以避免"选边站"的陷阱。与前面两种回应不同,这次的回应并没有表达从业者与医生的结盟,即没有选边站。

接纳

虽然"接纳"对于咨询或动机式访谈而言都不算新事物,但也是在后来才被明确地确定为动机式访谈的第三个基本成分(Miller & Rollnick, 2013;

Wagner & Ingersoll，2013）。接纳是理解和欣赏当事人在对谈中分享的内容。在动机式访谈中，一个接纳的环境可以帮助当事人探索改变的方方面面。接纳并不是说从业者只能赞许当事人的行为，或屈从于让他们维持现状（Miller & Rollnick，2013）。如米勒和罗尔尼克所说明的，接纳包含四个成分。

绝对价值

这是以人为中心疗法的基本信条——每一个人都值得信任，也都有潜力改变并努力成为最好的自己（Rogers，1959）。承认并觉察每一位当事人所蕴含的潜力与价值，对于发展一种稳定坚实的关系以及表达接纳都是必不可少的。

准确共情

遵循动机式访谈风格的从业者会真心地对当事人感兴趣，并且渴望了解和理解当事人的境况。这不是指同情或认同当事人，而是指从业者会主动地试图理解当事人的世界，以及这与他们的"改变"或"不改变"之间各有怎样的联系。例如，如果一位当事人没有服药，那么遵循动机式访谈风格的从业者会试图理解这位当事人的境况、价值观和目标，以及这些与改变之间有怎样的联系，而不是简单地说教，让当事人吃药。准确共情是在表达从业者对当事人的经历、体验或经验感兴趣，也在表达从业者想要了解和理解这些对于当事人自身意味着什么。

尊重当事人的自主性

动机式访谈有一个很关键的内容：对于当事人最终要做的改变决定，从业者会退到一旁，不插手干涉。这不是说遵循动机式访谈风格的从业者不关心、不在意当事人；而是说，当事人才是那个负责做决定的人。这一点是很多从业者都难以接受的。不过，我们通常会提醒受训的学习者：各位是没办法每周7天、每天24小时地跟着当事人的，所以当事人必须自己拿主意，决定他们觉得最适合自己的是什么。从业者可以提供信息、建议和反馈，但最终的决定应由当事人自己来做。承认当事人做决定的自主性通常会在改变的历程中发挥促进作用,因为当事人在发现自己拥有自由的同时,也会认识到自己对于做出适宜的改变负有最终的责任。

肯定

因为动机式访谈是资源取向的,所以遵循动机式访谈风格的从业者会努力觉察、发现、反馈及引出当事人的优势／强项[①]与资源(Madson, Loignon, Shutze, & Necaise, 2009)。大多数求助者,无论是自愿的还是被强制要求的,可能之前都曾尝试过做改变,而且或多或少有过成功的经验。但通常,这些当事人更容易关注自己的失败或挫折。因此,从业者在进行肯定时,其目的并非"打气"或"夸奖",而是旨在协助当事人观察到他们自身存在的优势／强项、资源以及先前的成功,从而将它们作为当下改变的基础与柱石。

不符合／有些符合／符合动机式访谈接纳的例子

当事人说:"你看我脸上受的伤。我不明白警察为什么抓我,我只是在防卫而已。她疯了!"

不符合动机式访谈:"我理解你说的。但要解决现在的问题,你就得为自己的行为买单,承担责任。这才能帮你免于进监狱。"

这是不符合动机式访谈的回应,因为从业者直接面质了当事人。该回应也体现出从业者已经选择了站在当事人的伴侣以及司法系统的一边,没有兴趣听取当事人的观点,没有尊重当事人的选择权,并且是在批评而非肯定对方。这样的回应,很可能会阻碍当事人参与谈话,也不利于他们在交流中主动地思考自己需要或想在人生中做出哪些改变。

[①] 英文原文为 strengths,将它翻译为优势／强项更能体现 strengths 一词在动机式访谈中所包含的意思。——译者注

有些符合动机式访谈:"你觉得警察没有听你这边的陈述,你也不确定自己要不要做这个治疗。那么我们可以怎样确保你不陷入麻烦呢?"

这个回应有些符合动机式访谈。从业者克制了"翻正反射①(righting reflex)",反映了当事人对这件事的看法。从业者也尝试从当事人那里唤出潜在的解决办法。但在这个回应中,从业者基本没有努力表达和体现接纳的其他成分。

符合动机式访谈:"你觉得警察没有听你这边的陈述,你也不确定自己要不要做这个治疗。你有这样的感受,但你没有取消这次预约,而且如约来访了,我要为此感谢你。当然还是要请你来决定,假如可以从这个课程中有所收获,那会是什么?"

这是符合动机式访谈的回应,因为从业者听见了当事人说的话,并尝试理解当事人对于自己境况的看法,从而体现了共情。这个回应也将当事人的如约来访作为优势/强项予以肯定,并且承认当事人有权自主决定要怎样做。所以这个回应综合了接纳的四个成分,即从业者愿意倾听当事人,支持当事人的自主性,而且可以觉察和发现当事人的优势/强项,并清晰明确地表达了从业者真心尊重当事人,也深知他们作为个人的绝对价值。

至诚为人

至诚为人是对所感受到的他人之疾苦的一种真心实意的情感回应,并由此产生为他人提供帮助的愿望(Seppala,2013)。换言之,至诚为人包含助人者对他人的关怀与责任感,以及由此而生的助人动机——让当事人的生活更美好(Fromm,1956)。因此,在符合动机式访谈风格的实践中,至关重要的是始终如一地对当事人抱有善意,也会发自内心地在意和关心当事人的福祉。

---

① 在动机式访谈中,"翻正反射"指助人者本能地有一种倾向,想去纠正当事人的问题。——译者注

不过，从业者也需要留意并避免因为关心和想要帮助对方而出现的"翻正反射"（后文将探讨这种现象）。

不符合／有些符合／符合动机式访谈至诚为人的例子

当事人说："你们就不能想想办法保住我这只脚吗？"

不符合动机式访谈："我们都跟你工作好几年了，努力想帮你管理好血糖。我很遗憾，但现在也无能为力了。希望这次的经历能让你今后好好管理饮食，按医嘱服药，这样你就不会再失去另一只脚了。"

我们认为这个回应是不符合动机式访谈的，而且可能体现了从业者自己的工作倦怠。该回应虽然包含事实性信息（也是对当事人提问的回答），但用了面质的方式，并没有体恤当事人此刻的情感痛苦；只关注了当事人对于信息的需求，而忽略了他对抚慰和安全感的需要。

有些符合动机式访谈："你失去了一只脚，心情非常糟糕。你可以从这次的经历中吸取什么，让这种情况不再发生呢？"

这个回应有些符合动机式访谈。从业者反映了当事人的感受，并尝试引出当事人的观点或意见，而非面质对方。不过，该回应可能会让当事人体验到被评判，且过分关注当事人能从此经历中吸取或学到什么，却忽略了舒缓对方的痛苦，所以没有体现至诚为人。

符合动机式访谈："我知道你失去了一只脚，心情非常糟糕，我也希望能有些办法推荐给你，帮助你保住它。"

这是符合动机式访谈至诚为人的回应，因为从业者表达了对于当事人此刻情感痛苦的共情，以及希望施以援手来缓解对方痛苦的心愿。该回应或许可以让当事人开始倾诉，并将从业者作为自己的情感支持资源，从而度过这段艰难的生活转折期；同时促使当事人与从业者合作，今后更好地管理自己的血糖。

> **快速查阅**
> **动机式访谈的基本精神及其成分**
> ◇ 发展一种协同合作的工作关系
> ◇ 唤出当事人自己的内容，而非给他们开方子
> ◇ 理解并欣赏当事人的价值和自主性，肯定其优势/强项，共情当事人的境况
> ◇ 对于当事人福祉的关怀及责任感

四 项 原 则

虽然在一些关于动机式访谈的近期著述中并未提及（如Miller & Rollnick，2013），但我们作为动机式访谈的培训师在工作实践中发现，这四项原则可以帮助很多从业者更好地把握动机式访谈的基本精神。罗尔尼克、米勒和巴特勒（Rollnick，Miller，& Butler，2008）对这些原则做了具体的阐述，分别是：(1) 克制"翻正反射"；(2) 理解和探索当事人的动机；(3) 共情性倾听；(4) 赋能当事人，培养希望与乐观。从业者可以用克制（Resist）、理解（Understand）、倾听（Listen）和赋能（Empower）这几个词的英文首字母缩写"RULE（法则）"来促进记忆。

R：克制"翻正反射"

从业者想疗愈当事人的痛苦，也想让事情重回正轨，并促进当事人的福祉。因此，当从业者看到当事人做出不佳的选择时，往往会有一种强烈的冲动去阻止对方，或者把对方拉到"正道"上。在此类动机的驱使下，那种想要纠正某人行为的愿望就化作了一种自动化反射（"翻正反射"）。不过，依靠"翻正反射"的从业者一般都会事与愿违。因为当事人在听到别人告诉他们"你要怎么做"时，通常不会听从；相反，他们往往会抵制改变，特别是当

感觉到别人想说服自己时，他们的抵制会更明显。如此，并不是因为当事人懒惰、叛逆或否认防御，觉得自己没有改变的需要；而是因为人都有一种自然的倾向——抗拒他人想要影响自己的企图（Leffingwell, Neumann, Babitzke, Leedy, & Walters, 2007）。如果当事人正处在矛盾心态中（对同一事物有两种相反的感受），那么这种抗拒将尤其强烈。例如，过度进食的人一般都会认识到自己的饮食行为有问题，并且会意识到继续这种行为的负面后果。但同时，他们也享受食物，认为饮食有助于社交，而且不想视自己为有"饮食问题的"。相反，他们更愿意认为自己的饮食行为是普遍的、正常的。所以，他们对自己的饮食行为同时有两种体验——既主张改变，又反对改变。

如果当事人发现从业者"站在"了矛盾心态的健康一边，并主张为什么需要改变，那么当事人的自然反应就是去反对改变（Leffingwell et al., 2007）。于是，从业者因为"翻正反射"而更多地主张改变，却引发了当事人更多的反对。因为人们更愿意相信自己讲出来的话，而不是别人告诉他的话，所以从业者的主张实际上反而加强和巩固了当事人反对改变的言论。在动机式访谈中，为改变提供理由的那个人应该是当事人，而不是从业者。鉴于很多当事人对做改变感到矛盾，从业者的工作是帮助他们修通这种矛盾心态，并协助当事人梳理和提出改变的理由。遵循动机式访谈风格的从业者会将矛盾心态理解为当事人改变历程中的一个正常组成部分，而不是病态化或病理化的内容。这一立场有助于从业者避免教育或劝说当事人改变，即克制"翻正反射"。遵循动机式访谈风格的从业者会运用一系列策略及方法来引导当事人聚焦和探索自己的矛盾心态，包括提问、简单反映与复杂反映、肯定以及摘要（Miller & Rollnick, 2002）。

克制"翻正反射"的例子

当事人说："唉，我真希望大家都别再跟我提HIV的事了。他们说的我都明白，就是要我好好治疗并管理好性行为，但我觉得还好啊，反正我所有的朋友在发生性行为时也都没用过什么保护措施。"

不符合动机式访谈

"你好像并不担心你的HIV,都是其他人在操心。难道你不觉得这件事很重要,需要谈一谈吗?"

"你也试试这样做——随身揣着安全套,但凡发生性行为就能用到。怎么样?"

这两种回应都是不符合动机式访谈的,它们也体现了"翻正反射"在纠正当事人矛盾心态时的不同形式。在第一种回应中,从业者直接面质了当事人的矛盾心态——指出对方是在否认问题,单刀直入地想让当事人重新考虑并再度审视自己的观点。这可能会造成当事人与从业者之间的不和谐。在第二种回应中,从业者的问题在于未经当事人的许可或询问就直接给出建议,并给出了解决办法。这可能会促使当事人主张这个办法如何不管用。

有些符合动机式访谈:"你知道改变很难,同时你知道其他人都在关心你的HIV,也觉得你可能需要去改变自己的行为。这似乎对于确保大家今后的安全——无论是你自己的还是别人的——都挺重要的。"

这个回应有些符合动机式访谈。从业者做了很好的双面式反映,来关注和理解当事人的矛盾心态。但除此以外,从业者还想替当事人解决这种矛盾,从而站在了主张改变的一边。当事人接下来可能会回以"不改变"的话语。

符合动机式访谈:"你知道改变很难,同时你知道其他人对你的HIV有一些合理的关心,也觉得你可能需要去改变自己的行为。请你也说说看,综合这些,你自己有了哪些考虑。"

从业者反映了当事人对于改变自己的HIV风险行为的矛盾心态。这有助于向当事人表达,从业者理解了他们的左右为难,并且没有对他们进行评判。从业者接着表示"请你也说说",从业者这是在邀请当事人进一步探索他们为何可能会考虑减少自己的HIV风险行为,也是在主动地与当事人合作,以协助他们解决自己的矛盾心态。

U：理解当事人的动机

每一位当事人对于改变都有自己的理由,更有可能说服他们做改变的正是他们自己的这些理由,而不是从业者给出的理由(Neighbors, Walker, Roffman, Mbilinyi, & Edleson, 2008；Rollnick et al., 2008)。因此,从业者要对当事人自己的动力与价值观感兴趣,才有机会引出和提升他们做改变的动机。可这么说好像又不是很合理,因为从业者与当事人的咨询时间本就有限,做这些是不是在浪费时间呢？如前所述,由从业者讲出改变的理由实际上会有相反的效果,这将促使当事人去说反对改变的主张。所以在动机式访谈中,从业者最好将有限的时间投入到了解或询问当事人自己为何对改变感兴趣上,而不是告诉当事人他们为何应该改变。该原则再次强调了讲出改变理由的人应是当事人,而非从业者。

L：倾听当事人

动机式访谈需要从业者共情性地倾听当事人,从而理解对方的改变理由。虽然从业者常被视作某方面的"专家"(例如,营养均衡、服用药物、行为改变等方面),但关于某位特定当事人"为何改变"以及"如何改变"的答案,通常还是来自这位当事人自己。而倾听正是获取和汇总这些答案的必要技巧。

E：赋能当事人

如果当事人在决策过程中担当了一种主动的角色,并且感到有能力且有权力做改变,那么疗效一般会更积极,相应的改变通常也会发生。从业者或许在特定的领域具有专业知识储备,例如怎样调整饮食、按医嘱服药、管理焦虑,以及如何做改变可以改善当事人的生活；但对于如何将这些改变融入日常生活,当事人自己才是专家。所以,当事人才更有可能知晓怎样最优地达成自己的改变目标。在这个过程中,从业者的角色是支持当事人相信他们自己可以做改变,同时协助当事人放松、舒服、安心地分享自己的"专家意见"。

动机式访谈的核心技巧

基本的咨询技巧是助人沟通中的必要技能,无论是在医疗还是在司法矫治领域中,从业者的沟通技巧都非常重要。遵循动机式访谈风格的从业者在沟通过程中会有方向、有思路地使用这些核心的咨询技巧,从而促使当事人更多地探讨和表达倾向改变的内容(改变语句),同时减少当事人探讨和表达反对改变的内容(持续语句)。换言之,从业者可以使用这些基本的咨询技巧来引出并且选择性地加强当事人倾向改变的话语,并引导当事人弱化有关"不改变"的话语。在动机式访谈中,这些核心技巧——开放式问题(open questions)、肯定(affirmations)、反映(reflections)以及摘要(summaries)——可通过其首字母缩写"OARS(船桨)"来促进记忆(Miller & Rollnick, 2013)。

开放式问题

节制且适当地运用提问,是动机式访谈的一个重要部分。从业者一定要在会谈中保持觉察,避免问答陷阱。所谓"问答陷阱",是指从业者在双方的沟通中过多地提问(往往还是封闭式问题),而当事人通过很有限的回应来简单作答。该陷阱会让沟通过程变成"一个又一个问题"加上"一个又一个回答",这种应接不暇反而阻断了对于某一话题的深入探讨(Miller & Rollnick, 2002)。遵循动机式访谈风格的从业者在一串连续的对话中往往只会提一个问题,从而规避问答陷阱!

开放式问题与封闭式问题:封闭式问题只需要当事人给出一两个字的回应(例如,"对"或"不对","是"或"不是"),通常用于收集特定的信息(Hill & O'Brien, 1999; Seligman, 2008)。而开放式问题更宽泛,不但鼓励当事人讲出自己的想法、感受以及经验/体验,而且提供了更加自由的回应空间(Hill & O'Brien, 1999; Seligman, 2008)。在这二者中,动机式访谈更倾向于使用开放式问题,因为相比封闭式问题,开放式问题具有更好的唤出性,能够邀请当事人分享更多信息。

不符合 / 有些符合 / 符合动机式访谈提问的例子

当事人说:"我可能想不起来在晚上吃药。"

不符合动机式访谈的封闭式问题

"你已经在按照食谱吃东西了?"

"难道你不觉得吃药很重要吗?"

以上提问都是不符合动机式访谈的,而且并非只因为它们是封闭式问题。在第一个提问中,从业者的问题与当事人的讲述不同步,可能体现了从业者没有专注倾听当事人讲述或者不在意当事人的顾虑。在第二个提问中,从业者虽然没有离题,但反问式问题会给当事人带来被评判感,引发不和谐。

有些符合动机式访谈的封闭式问题

"那你考虑过设个闹铃来提醒自己吗?"

"有没有用分药盒来帮助自己准时吃药?"

这些提问有些符合动机式访谈,但并不完全符合。虽然没有直接给出未经当事人询问的建议(怎样更好地遵医嘱服药),因为直接给建议是明显不符合动机式访谈的做法(Miller & Rollnick, 2013),但从业者的封闭式问题也在间接地提出这些建议。

符合动机式访谈的封闭式问题

"这方面的困难持续多长时间了?"

"在吃药方面,你遇到困难了吧?"

这些提问虽然是封闭式问题,但它们在尝试引出当事人自己对于问题的看法,既没有开方子告诉对方怎么办,也没有对这种情况做出评判,所以是符合动机式访谈的。

不符合动机式访谈的开放式问题

"我怎么能让你明白吃药的重要性呢?"

"你的饮食管理怎么样了?"

这些提问虽然是开放式问题,但都是不符合动机式访谈的。在第一个提问中,从业者就"遵医嘱服药"一事直接面质了当事人,这是不符合动机式访谈的。在第二个提问中,从业者的问题与当事人的讲述不同步,缺少合作与共情。

有些符合动机式访谈的开放式问题

"有什么可以提醒你,有助于你想起来呢?"

"你觉得用分药盒来提醒自己怎么样?"

这些提问虽然是开放式的,也在邀请当事人分享,但并不是充分符合动机式访谈的。在第一个提问中,从业者立刻试图找出解法或改变的方案,并没有考虑当事人的改变动机,所以不完全符合动机式访谈。后续的谈话可能很快就会发展为:从业者提供方案或解法("翻正反射"),当事人则统统回绝。第二个问题是在引出当事人的回应,但所针对的是从业者提出的方案,而非唤出当事人自己的办法。所以从业者其实是通过这个开放式问题在间接给出未经当事人询问的建议。

符合动机式访谈的开放式问题

"对于吃药或不吃药,你自己有哪些考虑或顾虑?"

"你晚上会遇到哪些情况?"

"你希望自己吃药的原因有哪些?"

这些提问是符合动机式访谈的,因为从业者既邀请了当事人讲述,也引出了当事人自身对于目前情况的"专家意见",从而使从业者可以更好地理解当事人的动机与顾虑。实际上，类似第三个问题的提问形式可能会引出改变语句（将在后文中探讨）——这是动机式访谈的一个重要部分，关乎动机的提升。前两个问题有助于当事人谈自己有关服药的关切或顾虑，以及可能需要消除的困难和阻碍，从而增强他们自己的改变动机。

肯定

当事人在尝试做改变时，往往会聚焦于问题（problems）或之前失败的经历。合理地运用肯定技巧可以使当事人的优势／强项得到更多重视和关注。在动机式访谈中，"肯定"是指从业者主动地探索、发现、辨识并讨论当事人的优势／强项和正向行为（Hohman, 2012; Pirlott, Kisbu-Sakarya, DeFrancesco, Elliot, & MacKinnon, 2012）。这需要从业者讲出当事人的优势／强项、正向品质、技能或行动，以一种积极正向的视角重构其行动、处境或品质，或者引出当事人自己的肯定。但进行肯定并不等于给当事人"灌鸡汤""打鸡血"，从业者要真心实意地引出、发现并讲出当事人的优势／强项。所以，肯定应是关注和聚焦于当事人的，但它并非"表扬"，应避免使用"我"字句夸奖或赞同对方，例如，"我觉得……"或"我认同……"。在助人行业中，从业者可能习惯说"真棒／非常好"或者"我为你骄傲"这类话。这些表达无疑体现了从业者对当事人的支持，但它们违反了肯定的上述原则，所以也不是充分符合动机式访谈的。

不符合／有些符合／符合动机式访谈肯定的例子

当事人说："家人说我抑郁了，但我不确定。我会出门工作和社交。抑郁的人不是都待在家里闷闷不乐的吗？"

不符合动机式访谈："你抑郁了，你不确定要对此做些什么。"

该回应虽然是一个简单反映（将在后文探讨），但它只聚焦了当事人的弱点及问题，没有试图发现或讲出当事人的优势／强项。而且，该回应可能造成双方的不和谐，因为当事人已经说了并不确定自己有没有抑郁。

有些符合动机式访谈："家人觉得你抑郁了，但你觉得抑郁的人的行为方式跟你不一样。我很欣慰，因为你依然来这里咨询了。"

这个回应很好地反映了当事人的谈话内容。但从业者没有讲出当事人的优势／强项、成功做到的事情或正向的行为，错失了肯定对方的良机。此外，从业者用了"我"字句，从而将谈话的焦点放在自己的赞许认同上，而非当事人的优势／强项上。

符合动机式访谈

讲出积极正向的行为："虽然你不确定是否需要，但在家人的要求下，你还是来这里咨询了。你一定很在意他们。"

重构现在的情况："你感受到了抑郁，同时，你也在很好地应对。你依然可以每天都去工作，并出门见朋友。"

引出当事人自己的肯定："相比那些待在家不开心的人，你和他们在哪些方面是不一样的？"

从业者的这些回应都符合动机式访谈的肯定，因为都遵从了前面讲到的进行肯定的原则，聚焦于当事人的优势／强项，也更有机会导进当事人深入谈论相应的话题，而不是引发双方之间的不和谐。在第一种回应中，从业者承认当事人并不确定自己有没有罹患抑郁，同时突出了他对家人的重视，因此如约来访。在第二种回应中，从业者将当事人对于"在家里闷闷不乐"的关注点重构为对于"在从事活动／有事情在忙"这一优势的关注。在第三种回应中，从业者引出了当事人自己的、可以作为改变资源的特征与行为。

反映

反映作为动机式访谈首要的核心技巧，将当事人所表达的意思与从业者所听到的意思予以连通，并让从业者有机会核对自己的理解（Passmore, 2011；Rosengren, 2009）。需要注意的是，在进行反映时，说话的声调与内容同样重要——要进行反映，就要在一句话的结尾处使用平调或降调。因为如果在结尾处使用升调，这句话就变成提问了——封闭式问题。这也是我们所观察到的大部分动机式访谈学员先前习以为常的做法。符合动机式访谈风格的反映也不会有讽刺、敌对或居高临下的语气。

反映能够起到的重要作用有：（1）有助于体现从业者正在聆听；（2）表达从业者的共情；（3）表达对当事人的理解；（4）有助于从业者引导当事人更深入地探讨某个主题。因此，从业者应避免在表达中加入"对吗？""是吗？"或者"是这样吗？"之类的提问性措辞。这类提问传达给当事人的信息是，从业者并没有真正地理解他们，所以得靠频繁的核对才能跟上。在动机式访谈中，从业者会有方向、有思路地使用反映，从而策略性地反映持续语句、不和谐以及改变语句，旨在引导当事人朝着改变发展。对不和谐进行反映的思路／方向是与当事人达成一致，而不是针对他们的矛盾心态予以面质。所以有方向地反映不和谐也是从业者在继续理解对方，以及培养有助于当事人参与进来的合作关系（Miller & Rollnick, 2013）。改变语句是动机式访谈培养及促进改变的一个关键成分，因此从业者还会通过反映改变语句来强化和加深这种表达（Miller & Rollnick, 2013）。

动机式访谈的反映可被分为两大类，即"简单反映"和"复杂反映"[①]。

[①] 一些动机式访谈的书籍或文献（如戴维·B.罗森格伦的《动机式访谈手册》）也会将"简单反映"称作"表层反映"，将"复杂反映"称作"深层反映"。——译者注

简单反映

那些非常接近当事人的原话且几乎没有添加额外信息的反映，即为简单反映（Moyers，2004）。通常，从业者会使用简单反映来对当事人说的话表达确认收到和试图理解（Rosengren，2009；Substance Abuse and Mental Health Services Administration，1999）。所以，简单反映可以涉及当事人的基本感受、想法以及会谈内容。但如果仅靠简单反映，可能会拖慢会谈的进程，延迟探讨当事人更看重的或对他更有意义的部分。我们观察到，当动机式访谈的学习者感觉他们的助人会谈在原地打转、进展寥寥时，他们往往都以简单反映为主，并未将谈话深入下去。

不符合／有些符合／符合动机式访谈简单反映的例子

当事人说："我太太要我保持健康饮食，很烦人。难以置信，她竟然会让我来这儿。"

不符合动机式访谈："你的饮食并不健康。"

这个反映是不符合动机式访谈的，因为从业者给当事人的饮食贴了负面标签，而且有可能会引发不和谐。这个反映过早地聚焦于饮食行为，忽略了当事人谈到的对于被迫来访的不悦。这里没有把握住机会去反映当事人的顾虑与关切，所以可能会拖慢导进过程，也延迟了合作关系的建立。当事人在听到这种对于自己的饮食行为的回应后，反而会变得防御。

有些符合动机式访谈："听起来，你跟你妻子之间有一些麻烦。"

这个反映有一些符合动机式访谈。从业者反映了当事人谈到的内容，但可能也将焦点放在了探讨当事人妻子或他们的婚姻关系上。所以这个反映和后续的谈话很可能会偏离原先潜在的改变目标，丢失了焦点。

符合动机式访谈："你感到难以置信，此刻自己竟在这儿。"

这个反映是符合动机式访谈的，因为它关注的是当事人所表达的信息。通过反映当事人讲出的内容，从业者表达了自己试图理解对方说的话，同时也更有可能培养信任及导进当事人。这个反映在表达：从业者听见了当事人的声音，听见了对方的看法，并试图理解他的处境。因此，该反映不太可能会引发不和谐。

复杂反映

复杂反映可以加深和拓展谈话，是动机式访谈框架中培养及促进当事人改变的一种重要技巧。复杂反映需要从业者通过选择重点或添加新含义来重新表述当事人谈到的内容或其想法及感受，从而促进当事人朝着正向的改变发展（Substance Abuse and Mental Health Services Administration，1999）。

下面介绍两类复杂反映及其例子。

双面式反映 这种反映是动机式访谈常用的。双面式复杂反映是指从业者在重新表述当事人话语时，把握并呈现对方矛盾心态的两面（Miller & Rollnick，2002）。所以，使用双面式反映可以帮助当事人觉察自己的矛盾体验，同时从业者也能避免选边站，支持任何一方。

不符合／有些符合／符合动机式访谈双面式反映的例子

当事人说："我知道大家想让我彻底戒烟，但我没准备立刻戒了。"

不符合动机式访谈："吸烟的感觉不错，你并不想戒掉。"

从业者的这个回应是对持续语句的准确反映。但这并不符合动机式访谈的双面式反映，因为它没有把握当事人矛盾心态的两面。这个反映只关注了当事人为何想要继续吸烟，所以可能会导致当事人接着深入讲述"不戒烟"的内容。

有些符合动机式访谈:"你知道大家都在关心你吸烟的事;同时,你还没有准备好彻底戒掉。"

在这个反映中,从业者把握和呈现了当事人矛盾心态的两面。不过,这个双面式反映在后半句聚焦的是"不改变"的内容,它有些符合动机式访谈,却并不完全符合。因为当事人很可能沿着从业者在反映末尾留下的话头继续聊,所以他接下来可能说得更多的是"继续吸烟"的内容,而非"改变吸烟行为"的内容。虽然具有专家水准的动机式访谈从业者有时也会有意地按照本例的方式构建双面式反映,但一般而言,这不是最符合动机式访谈的表达顺序。

符合动机式访谈:"你还没有准备好彻底戒掉;同时,你也明确知道大家都在关心你吸烟的事。"

在这个反映中,从业者理解了当事人矛盾心态的两面("知道大家关心自己戒烟"和"没有准备好戒掉"),并将这双面式反映回馈给了当事人,也没有偏重或强调任何一方。这个反映具有两点重要的特征:(1)使用了"同时"而非"但是"来连接前后两个句子,避免忽略矛盾心态的任何一面;(2)将矛盾心态中"倾向改变"的一面放在了后半句呈现。这个安排恰恰体现了动机式访谈的反映具有意向性,既是有意为之,又有的放矢。人们通常会沿着别人最后说的内容继续谈,而从业者所做的双面式反映正是以倾向改变的一面来收尾的,所以当事人更有可能接着讲出改变的理由。

放大式反映 这种复杂反映是指,从业者用比当事人原话更为强烈或更加极端的方式来重新表述当事人的话语(Miller & Rollnick,2002;Substance Abuse and Mental Health Services Administration,1999)。放大式反映特别有助于回应当事人的持续语句,因为它是在放大或夸张当事人原本说出的"不改变"的内容,而不是去面质或挑战这些。在使用放大式反映时,从业者务必保持支持性态度和语气,避免任何可能被当事人体验为评判或居高临下的语气,因为这些可能会引发不和谐。

不符合／有些符合／符合动机式访谈放大式反映的例子

当事人说:"我搞不懂我太太为什么那么担心我的血脂。看体检结果,我的血脂只是略超出正常值,并没有多高。"

不符合动机式访谈:"反正你还没遇到任何问题。"

这个放大式反映不符合动机式访谈,有几点原因。第一,从业者使用的"还"这个词在语气上容易被当事人体验为评判,避免这类修饰词或许可以减少对方的这种体会。第二,"反正"这一措辞可能被当事人体验为讽刺或面质,好像也在表达从业者并不信任当事人。

有些符合动机式访谈:"你太太其实是不应该为你担心的。"

在这个反映中,从业者放大了当事人讲的话。不过,该反映在总体上讲的是当事人和他妻子的关系,而不是针对当事人的改变目标进行了放大式陈述。当事人接下来可能会有不和谐的回应,或者谈话可能会偏离原先的主题,丢失焦点。

符合动机式访谈:"你太太在毫无必要地担心你的血脂。"

在这个反映中,从业者加入了"毫无必要地",从而将当事人谈到的"妻子的担心"予以放大。通过添加这样的措辞,从业者将当事人的话提升到了一种更极端的状态,从而创造机会使当事人自己产生不认同,并纠正从业者。

摘要

摘要是反映的一种终端形式。换言之,从业者在摘要中会将当事人讲过的多段内容进行汇集与综合。我们拿美国南方特色烧烤做个比喻(这也是我们在动机式访谈以外的爱好):如果反映是各种独特的香料,那么摘要就是将所有这些独特的风味融合在一起的精致调味酱，为你的烧烤带来恰到好处的味道。摘要可以用来开启和聚焦于一次会谈，结束一个话题，总结一次会谈，联系会谈内容，以及帮助当事人思考他们自己讲过的话（Ivey & Bradford Ivey，2003；Seligman，2008）。摘要也有助于探讨改变，因为它可以让当事人在同一时间一次性地听到自己讲过的很多内容。在动机式访谈中，从业者会通过摘要来选择性地关注当事人的关键表述（改变语句）。下面将用案例来介绍摘要的三种类型。

摘要的例子

从业者问："假如在我们说的饮酒行为上，你成功地做了改变，那么在从现在开始的这1年中，你的生活会有哪些变化？"

当事人说："嗯，如果我在这段醉酒驾驶处罚期间做出了改变，并且拿回了驾照，我就可以再拥有一份工作了。"

从业者回应："所以其中的一个变化是，你能再拥有一份工作。还有哪些变化呢？"

当事人说："嗯，还有不太算从现在才开始的变化吧，这是从之前就开始的变化——我现在已经不去酒吧了，我会花更多时间陪孩子。陪他们写作业，吃晚餐；大概，就是正常的家庭生活吧。"

从业者回应："所以你已经在践行成为一名有更多参与、更多贡献的父亲了，而且你觉得在今后的1年中，你也会继续这么做。假如你在饮酒行为上成功地做出了改变，或许还会有哪些变化呢？"

当事人说："我不是很确定。我希望也能把烟戒了。我之前试过戒烟，但我一去酒吧就想抽烟。估计如果我当时没去酒吧，烟也就戒了。"

汇集性摘要

这种摘要是将一段时间里的信息汇集在一起呈现，从而让谈话继续进行（Rosengren，2009）。也就是从业者会再次提起当事人近期讲过的若干内容。

我们与动机式访谈的受训学员进行过讨论，大家认为在初接会谈或评估性会谈中使用汇集性摘要可以很好地保持动机式访谈的沟通风格，因为这种摘要说明从业者在倾听当事人，还能针对相应的话题探索出更多的信息，即便没有采用提问的形式。

不符合／有些符合／符合动机式访谈汇集性摘要的例子

不符合动机式访谈："所以你也认识到了你的饮酒行为对于家庭的危害，无论是在经济方面还是在情感方面，你准备做一位负责任的父亲了。"

这个摘要是不符合动机式访谈的。它不只摘要了当事人讲的话，而且给当事人的行为贴了负面标签，所以没有体现动机式访谈的接纳精神。

有些符合动机式访谈："所以你希望拥有一份工作。你也说了自己想戒烟。你看我理解得是否正确？"

这个回应是有些符合动机式访谈的，它摘要了前面的谈话内容。该摘要聚焦于当事人想要改变的两面，但并没有包含当事人自己说过的改变的好处。所以这个摘要就"可能会"或者"可能不会"促进正向的改变。从业者在摘要的末尾也使用了一个封闭式问题来"核对"其摘要的准确性。

符合动机式访谈："所以一方面，你希望自己从现在起的1年里拥有一份工作。你已经投入了更多的时间来陪孩子，你希望自己继续这样做。你也说了想戒烟，而且你认为如果自己不去酒吧喝酒了，戒烟是可能的。那么为了实现你提到的这些事，你已经朝着'改变饮酒行为'的方向采取了哪些步骤？"

这个摘要是符合动机式访谈的，它汇总了当事人说过的话，没有贴标签或做评判，并且聚焦于当事人自己讲出的、最有可能促发他改变饮酒行为的话语。

连接性摘要

如果从业者想将当事人之前讲过的内容联系起来,那么可以使用连接性摘要(Rosengren,2009)。在采用这种摘要时,从业者是在有意地尝试联系当事人讲过的不同内容。

不符合/有些符合/符合动机式访谈连接性摘要的例子

不符合动机式访谈:"我看了你的治疗记录,这已经是第四次了。我不敢相信,都这样了,你还会酒驾,还几乎每天晚上都去酒吧。你需要洗心革面了,对于这一次的治疗,你要严肃对待!"

这个摘要是不符合动机式访谈的,因为这是从业者在针对当事人的饮酒行为进行面质,同时责备当事人要为之前的治疗失败负责。

有些符合动机式访谈:"所以听起来,如果你戒酒,那么很多事情都可能实现,也包括戒烟。很高兴听到你现在正在考虑戒烟。这是一个很大的变化。我看了你的治疗记录,过去几次提议戒烟咨询时你都回绝了。"

这是有些符合动机式访谈的连接性摘要。从业者使用这个摘要将当事人之前讲过的话和他治疗记录中的信息进行了联系。但这个摘要并不完全符合动机式访谈,因为它从已经设定好的会谈焦点"减少饮酒"转到了"戒烟"上。

符合动机式访谈:"所以你想到了很多重要的目标,比如回归工作、花时间陪孩子,还有如果在饮酒行为上能做出改变,自己也就可以戒烟了。这听起来就像你曾经做到过的——你在18岁时退出了帮派,参了军——你改变了自己的人生。"

这个摘要是符合动机式访谈的,从业者将当事人刚说的关于改变饮酒行为的内容和他曾谈到的其他方面的成功改变联系起来,这有助于提升当事人对改变当下行为的自我效能感。

过渡性摘要

从业者使用这种摘要是为了切换或改变话题（Rosengren, 2009）。在做信息收集性访谈时（如初接会谈或评估性会谈），做过渡性摘要尤其有帮助，因为这体现了从业者在倾听当事人，同时便于转入访谈的下一个部分。

不符合/有些符合/符合动机式访谈过渡性摘要的例子

不符合动机式访谈："所以听起来，这次的酒驾终于让你醒悟了。你认识到了饮酒正在毁掉你，也在毁掉你的家庭。第一步就是承认自己的问题。你这样喝酒有多久了？"

从业者的这段话是不符合动机式访谈的。从业者在做这个摘要时，对当事人说的改变语句进行了非常负性、面质性以及标签化的改动。然后从业者就过渡到了提问结构化问题上，既没有知会当事人这种转向，也没有就此征求对方的许可。所以是从业者在掌控会谈的方向，这严重背离了动机式访谈的合作精神。

有些符合动机式访谈："总结起来，你似乎明确想要戒酒。那么接下来，我会问你一些问题，来完成初接记录表。"

从业者的这个回应虽然在一定程度上把握了当事人在此刻谈话时的重点，但仍然不能算是一个充分符合动机式访谈的摘要。因为这个回应并未汇总当事人所表达的两个或更多的观点。而从业者也错失了机会，没有支持当事人的自主性，也没有就初接会谈的内容或形式征询当事人的意见和许可，所以并未保持合作的精神。

符合动机式访谈："之前我提到会问你一些问题，现在我先来总结一下你已经告诉我的，看我有没有漏掉重要内容。你已经决定戒酒了，因为你经历了三次酒驾被抓，并面对严厉的处罚。如果可以在饮酒行为上成功做出改变，你还想到生活可以大有不同，变得更好。"

这个摘要虽然不如汇集性摘要详细，但也包括了当事人说过的两点或更多内容，而且它没有评判或给当事人贴标签，而是在强调并突出当事人自己说过的可能促进他改变的内容。这是一个符合动机式访谈的摘要。

> **快速查阅**
> **动机式访谈的核心技巧**
> ◇ 用开放式问题邀请当事人进行探讨
> ◇ 引出、发现、讲出及肯定当事人的优势／强项和成功经验
> ◇ 有方向、有意图地运用简单反映和复杂反映，从而扩展对改变的讨论
> ◇ 在探讨改变时，有意地运用汇集性摘要、连接性摘要以及过渡性摘要

改变语句与持续语句

动机式访谈的重点在于协助当事人探索他们自己对于做出特定改变的理由，所以遵循动机式访谈风格的从业者在倾听时会选择性地关注和反映当事人倾向改变的话语——改变语句。米勒和罗尔尼克（Miller & Rollnick，2013）指出了改变语句里有四种体现动机的成分：（1）想去改变；（2）觉得有能力改变；（3）有明确的改变理由；（4）改变的重要性。改变语句被划分为两大类型——预备型改变语句和行动型改变语句（Miller & Rollnick, 2013）。预备型改变语句是体现了当事人在考虑改变，但还不能预测其后续行动的话语（Amrhein et al., 2003；Carcone et al., 2013）。这类改变语句——愿望（desire）、能力（ability）、理由（reasons）和需要（need）——可通过其首字母缩写"DARN（织补）"来促进记忆。

预备型改变语句

愿望

我们经常提醒大家,愿望语句是很有价值的,它表达了人们真心希望事情或情况会有所不同,这对提升当事人付诸行动的动机是非常重要的。实际上,朝向改变的想法、期许或愿望是动机的一个重要成分(Miller & Rollnick, 2013)。愿望语句可能如下所示。

但愿我可以更健康一些。

我希望自己在开车时可以保持冷静。

我想跟朋友出去,吃些更健康的食物。

我希望自己在出门时不用再检查10遍锁没锁门了。

能力

能力语句是人们表达能够去做的或者之前已经做到的内容,这体现了当事人所感知到的自己做改变的能力。试想一下,如果从业者要协助当事人找出解决问题的办法,那么还有比听到并反映当事人说出"自己能够做到的"或者"曾经已经做到的"更好的吗?所以能力语句非常重要,它所表达的是当事人已经做到的,以及他们很有意愿做的内容。能力语句可能如下所示。

或许我可以多找代驾。

我大概能够每天晚上出去走个10分钟。

我可以用一个分药盒来分好我的药。

我应该可以早晨一起来就先刷牙。

理由

当事人所表达的改变理由也是一种常见的改变语句。从业者需要引出和理解为什么这一改变对当事人来说是重要的,原因在于能够促使当事人改变的是当事人自己的理由,而非其他人的理由。理由语句可促进当事人的改变，它是动机式访谈中必要的成分，所表达的信息类似"如果……那么／就……"。理由语句可能如下所示。

如果我更关心我儿子，他就不会惹上这么多的麻烦了。

如果我多睡一会儿，精力可能就更充沛了。

我希望自己可以再度热爱并享受生活。

如果不抽烟，我就可以省下不少钱了。

跟别人多聊聊，我可能就会有更多朋友了。

需要

这是当事人对改变之重要性的表达，但体现的是改变的必要性与急迫性。米勒和罗尔尼克（Miller & Rollnick, 2013）指出，需要语句并不涉及"为什么改变是重要的"，以及"如果自己做了改变，就会怎样"——这些都是理由语句所表达的，而不是需要语句的内容。需要语句可能如下所示。

我需要解决自己的焦虑了。

今年我一定不能再惹上麻烦了。

我必须要降低自己的血压了。

我可不能再长体重了。

我得从家里走出去，更多地社交了。

快速查阅

预备型改变语句

⬥ 愿望：我想要改变……

⬥ 能力：我能够做到……

⬥ 理由：如果我改变了，那么会发生……

⬥ 需要：我必须改变了

行动型改变语句

行动型改变语句是当事人所表达的对于做改变的决心／承诺、开始思考以及他们已经采取的步骤。这类改变语句——决心／承诺（commitment）、启动（activating）以及采取步骤（taking steps）——可通过其首字母缩写"CAT（猫）"来促进记忆（Miller & Rollnick，2013）。决心／承诺[①]语句表达的是当事人已经有一定的意图要去做出改变了，所以它最能预测后续的行为改变（Ajzen & Albarracin，2007；Amrhein et al.，2003）。当事人可能会表达不同程度的改变意图，从很弱（"我也许会试试吧"）到很强（"我肯定会去做！"）。有些当事人会分享他们为了做改变而正在采取的步骤，这些就是"启动性质的改变语句"（Miller & Rollnick，2013）。最后还有一种，是当事人分享的他们为了改变已经采取的行动，即"采取步骤的改变语句"（Miller & Rollnick，2013）。这类行动型改变语句如下所示。

决心／承诺

我感觉我可以试试在早餐时只吃全麦吐司。

我可能会多走路，每天达到5000步。

我不会在车里或者在夜里抽烟了。

我不会再喝酒了。

[①] 在一些文献中，"commitment"一词常被译为"承诺"。但在汉语中，"承诺"一词通常含有"答应并照办"的含义，所以如果只译为"承诺"无法体现"commitment"在动机式访谈中的含义，而且可能会在汉语表达上无形地增加"外部动机"的影响（答应别人的要求，并保证做到）。鉴于此，译者在本书中使用了"决心／承诺"这样的译法，旨在体现"当事人自己决心要去行动"这类内部动机的含义。希望此处的考量也能启发读者全面和深入地理解外来术语的含义，以及可能面临的文化差异，从而在实务工作中更灵活地使用语言。——译者注

启动

  我会给职业介绍中心打电话,问问什么时间能安排我面试。

  我打算明天去买计步器。

  我准备跟我太太谈一谈怎么帮助儿子遵守缓刑监管要求。

  我搜到了一些信息,是关于镇上的几家社交俱乐部的。

采取步骤

  我已经把家里的酒都扔掉了。

  我现在只有在外面才抽烟。

  我昨天在店里买了一些水果。

  如果不抽烟,我就可以省下不少钱了。

  我昨天见了职业规划师。

快速查阅

行动型改变语句

⋄ 决心/承诺:我决定这样做了……

⋄ 启动:我这就去/正在这样做……

⋄ 采取步骤:我已经做了这个……

引出和回应改变语句

  引出和回应改变语句可以说是动机式访谈和其他咨询取向及沟通风格区别最大的地方了(Houck, Moyers, & Tesche, 2013;Westra & Aviram, 2013)。从业者在运用动机式访谈时,既会用言语的方式,也会通过非言语的方式,来关注和回应当事人的改变语句,因为从业者的行为与当事人的改变语句之间是相互关联的(Glynn & Moyers, 2010)。从业者可以使用反映、提问、肯定及摘要来引出和强化改变语句。

- 通过开放式问题引出改变语句:"对于自己的糖尿病,你需要做出哪些改变呢?"
- 请当事人详细展开:"请跟我多说说这方面。"
- 反映改变语句:"你觉得这不好——自己醉成这个样子。"
- 摘要改变语句:"你好像讲到了一些你需要改变饮食的理由——你可以感觉更好、精力更充沛,也可以给孩子们树立更好的榜样。"
- 肯定改变语句:"听起来,你考虑这些已经有一段时间了,而你也想好了自己需要对这种抑郁、低落的心情做些什么。"

持续语句与不和谐

持续语句与不和谐会受到"翻正反射"的影响。当事人的改变语句是在表达倾向改变的内容,而持续语句则是在表达他们对于维持现状的愿望、理由和需要,以及自认没有能力去改变(Miller & Rollnick, 2013)。换言之,当事人说出持续语句,就是他们在告诉别人自己为什么不应该改变。

持续语句及回应的例子

当事人说:

愿望——"我想延续现在的饮食方式";

能力——"我拒绝不了快餐";

理由——"我朋友的饮食也都跟我一样";

需要——"我不需要改变饮食"。

不符合动机式访谈:"嗯,这半年来,你已经增重10千克了。"
这个回应是不符合动机式访谈的,从业者在面质性地主张改变。类似这种回应可能会造成从业者与当事人之间的不和谐。而且，当事人很有可能回应说从业者哪里讲得不对，进而再一次加强当事人对于维持现状的态度。

有些符合动机式访谈："那为什么你可能想去改变你现在的饮食方式呢？"

该回应是一个开放式问题，旨在引出当事人的改变语句（理由），所以它是有一些符合动机式访谈的。但如果以此来回应持续语句，就不怎么符合动机式访谈了，因为这样的提问可能会引发不和谐并引出更多持续语句。具体而言，该提问忽略了当事人讲出的持续语句，所表达的是从业者倾向和支持改变。

符合动机式访谈

简单反映："你现在并不担心自己的饮食。"

放大式反映："担心你的体重完全是小题大做。"

双面式反映："你并不担心自己的饮食；同时，你也选择了来这边和我聊一聊。"

重构："对你来说，改变自己的饮食可能有困难，因为你喜欢美食，而且这也是你和朋友的社交互动的一个重要部分。"

强调自主性："说到底，改变或不改变你的饮食，这也要由你自己决定。"

这些回应都是符合动机式访谈的，它们引发从业者与当事人之间不和谐的可能性也较小。实际上，上述每一个回应都传达出从业者在与当事人一道前行——尝试理解他们在助人关系中的感觉，以及他们在谈到相应的改变的当下体验。从业者以符合动机式访谈的方式来回应持续语句，更有可能导进当事人，减少不和谐，并开启对于改变的探索。

不和谐

持续语句是当事人针对特定改变（如改变饮食）所做的表达，而不和谐则更多地指向与从业者的关系。换言之，不和谐是一种信号，表明从业者和当事人不在一个频道上,而双方的工作联盟可能也已经出现了裂痕(Miller & Rollnick, 2013)。因此,从业者应留意持续语句与不和谐,并将它视作一种提醒,从而及时调整自己和当事人互动的言行。我们通常会跟动机式访谈的学员强调,如果不和谐出现了,那么我们从业者有责任再次与当事人达成共识,从而处理掉这种不和谐。所以从业者不要跟当事人争辩或主张改变,而是要更认真地倾听,先放掉原先的思路和方向,以一种非面质的方式来回应当事人,从而尝试将对方的精力引向对正向改变的探讨(Miller & Rollnick, 2013)。

不符合 / 有些符合 / 符合动机式访谈回应不和谐的例子

当事人说:"唉,我是真不明白我为什么会在这儿。我不过就是在错误的时间、错误的地点被抓了个未成年人饮酒的事。我不理解他们为什么这么生气。有比赛的日子大家都喝酒啊。院长让我来这儿,但我完全不觉得我应该来,可我也不想惹上什么麻烦。所以我就必须得来这儿听你指教我需要怎么改变自己的饮酒行为。"

不符合动机式访谈的回应:"如果院长操心得都让你来这里了,那你的饮酒必然已经成问题了。"

这个回应是不符合动机式访谈的,因为从业者直接跟当事人争辩并在主张改变。这种回应可能会造成不和谐的加剧,并使当事人转入一种自我辩护的状态——解释他为什么不需要改变饮酒行为。当事人不但不再讨论正向的改变了,反而会降低参与度,愈发脱离咨询。

有些符合动机式访谈的回应:"如果你感兴趣,我可以跟你多说一点酒精管理政策背后的依据和考量。"

这个回应是有一些符合动机式访谈的。从业者先征求许可,再提供信息以回应当事人讲的他不知道为什么自己会被转介来此。虽然在提供信息前征求许可是符合动机式访谈的做法,但在本例中,当事人的重点似乎不在于"不了解酒精管理政策"。重点更可能是当事人感受到挫败、无奈以及区别对待。所以这个回应也不太可能缓解不和谐。

符合动机式访谈的回应

表达歉意:"很抱歉,还没有人向你清晰地说明酒精管理政策。"

简单反映:"对于目前的情况,你和院长的看法似乎不一样。"

放大式反映:"大学对你喝酒的事完全是小题大做了,因为学校里的每一位同学都喝酒。"

双面式反映:"你真心觉得不需要来这里;同时,你也想知道可以怎么避免麻烦。"

肯定:"嗯,你对目前的情况考虑得很充分。"

转换焦点:"你担心我会强行灌输某些东西给你。我还不够了解你,自然不会去讲你应该做些什么。我想和你聊聊,你自己对于为何会到这儿来的考虑或看法。"

强调自主性:"你感觉是被迫来这里的,同时我想让你了解,在这里将由你来选择和决定咱们要谈些什么。"

以上这些回应更有可能缓解从业者与当事人之间的不和谐,因为这些回应都在表达"我理解你的情况,我也不想强迫你什么"。这些回应还体现了从业者在调整方向以避免不和谐的加剧。因此,当事人更有可能回应出改变语句,减少抗拒,也更有意愿探讨目前的情况,还会以更为开放的心态来对待从业者的反馈。

> **快速查阅**
>
> **回应持续语句与不和谐**
> - 反映当事人对于不改变的考虑或关注
> - 肯定当事人在其持续语句及不和谐中体现的优势／强项
> - 表达尝试理解当事人的顾虑或考量，并将讨论的焦点转换到分歧性不强的话题上
> - 明确表达支持当事人的自主性和个人选择

本 章 总 结

本章介绍了动机式访谈，并简要概述了这种沟通取向的基本内容。我们首先强调了遵循动机式访谈精神的重要性，这是发展动机式访谈熟练度的根基之所在。基于这种精神，我们探讨了如何以符合动机式访谈的方式运用核心的咨询技巧——开放式问题、肯定、反映和摘要，以及怎样遵循动机式访谈的原则。如果大家秉持动机式访谈的精神，那么自然会去克制"翻正反射"，倾听理解当事人的动机，并且为当事人赋能。所以，领会并践行动机式访谈的精神可作为你我人生哲学中的一部分，帮助我们有方向、有意图地运用动机式访谈的技巧和策略，从而引出和强化改变语句，同时理解并恰当地回应持续语句与不和谐。经过本章，愿大家皆可铭记动机式访谈精神的重要性，由此开拔，方可继续行走在动机式访谈的精进之路上。

第三章

动机式访谈的四个过程

动机式访谈在进化发展中已经从之前的"两阶段"模式（建立动机与巩固决心／承诺；Miller & Rollnick, 2002）发展到了由四个有交叉的基本过程所构成的互动方式（Miller & Rollnick, 2013）。这四个过程是导进（engaging）、聚焦（focusing）、唤出（evoking）和计划（planning）。它们虽然是层层递进的，但也不算完全独立，所以彼此之间并没有泾渭分明的界线来区分某一个过程的开始和结束（Miller & Rollnick, 2013）。换言之，从业者在初次导进当事人之后，并不应认为可以一劳永逸了，而是应继续留意导进工作。这个"四过程"理念框架的发展形成也得益于动机式访谈能越来越清晰和具体地阐述在会谈中实际发生了什么。但以我们的经验看，动机式访谈的实践操作并未发生本质变化。在动机式访谈的会谈中，原先被称为"建立改变动机"的部分现在包含了导进、聚焦和唤出三个过程。同样，原先被称为"巩固改变的决心／承诺"的部分，现在主要对应于计划过程。实际上，虽然"四过程"框架旨在修订之前的旧体系，但先前的动机式访谈版本其实可以很好地对应这四个过程。所以，这种从"两阶段"到"四过程"的修订有助于更好地厘清动机式访谈会谈中所包含的不同内容（如导进与聚焦），这些是在"两阶段"体系中没有体现的。这个新版本会帮助从业者更加有效地运用动机式访谈。

导　　进

　　导进过程的重点是与当事人发展一种稳固的工作关系，这对于大多数临床会谈来说都很重要（Horvath，2001）。在导进工作中，从业者一定要谨记留给当事人的第一印象非常重要，并且要时刻觉察自己的言行给对方带来的影响。具体而言，从业者一定要认识到自己的行为在影响当事人对于参与这段助人关系的感知体验和动机意愿。所以，帮助当事人体验到被欢迎、舒适放松，以及可以安全地探索他们的问题或者对于改变的顾虑，都是导进过程的重要目标。另外，从业者在导进工作中也要规避一些陷阱（Miller & Rollnick，2002），因为这些陷阱可能导致当事人感觉不被欢迎或者在与从业者相处时有不安全感。我们在下面的"快速查阅"中列出了这些陷阱。

快速查阅

莫踩陷阱

◇ 问答陷阱：问了太多封闭式问题

◇ 过早聚焦陷阱：过快地聚焦于改变的目标

◇ 选边站陷阱：确定问题并给出方案

◇ 专家陷阱：所有的正确答案都在我（从业者）这里

　　导进过程对于动机式访谈来说非常重要，它是动机式访谈其他几个过程的"地基"，也是动机式访谈可以发挥成效的前提（Boardman，Catley，Grobe，Little，& Ahluwalia，2006；Catley et al.，2006；Moyers et al.，2005；Murphy，Linehan，Reyner，Musser，& Taft，2012）。所以遵循动机式访谈风格的从业者会始终关注当事人的导进并且留意脱离的迹象。这些脱离的迹象可能包括：当事人简短或模糊地回应、被动地同意从业者的建议、紧张的体态、改变话题、打断从业者，或者沉默不语。

米勒和罗尔尼克（Miller & Rollnick, 2013）认为，如果要在动机式访谈的谈话中适当地导进当事人，就需要从业者使用以人为中心的风格，因为该风格可以表达欢迎与接纳，也可以表达真诚地想要理解当事人的问题或顾虑，以及他们的价值观与目标。所以从业者要关注的是这个人并倾听，而不是要确定问题的根源并给出解决办法——请谨记，在动机式访谈中，这些不是从业者一个人的工作。现在也请大家想一想，你曾经遇到的要帮你但你很难信任的那些人。是什么事情或对方言行中的哪些部分让你很难信任他们？你乐于接受他们的帮忙或建议吗？你会反驳或争辩吗？以上这些也是当事人跟从业者初见时会有的考量，所以从业者务必对此谨记、留意和觉察，时刻遵循符合动机式访谈的做法。

快速查阅

动机式访谈的实践窍门：留意脱离的迹象

◇ 脱离的迹象可能包括：当事人简短或模糊地回应、被动地同意从业者的建议、紧张的体态、改变话题、打断从业者，或者沉默不语

符合动机式访谈的导进方式

"OARS"

运用动机式访谈的核心技巧"OARS"——开放式问题、肯定、反映及摘要——对导进过程很有帮助。下面是将这四种技巧应用于导进工作的举例。

符合动机式访谈的导进性开放式问题

"你最近怎么样？"

"你对今天来这里是怎么看的？"

"在你看来，我们这样一起工作感觉就像……？"

"你对于来这里有怎样的疑惑／顾虑？"

符合动机式访谈的导进性肯定

"谢谢你今天如约来这里咨询。在下雨天,很多当事人都会取消预约。"

"很高兴再次见到你。你一直坚持过来,想必付出了很多努力,令人钦佩。"

"你最近好像一直在进步。"

"你今天到这里来,其实并不容易,你展现出了自己的坚持与韧劲。"

符合动机式访谈的导进性反映

当事人:(看表)

从业者反映:"今天等的时间有些长。"

当事人说:"今天谈我的测验结果吗?"

从业者反映:"你特别想知道自己的测验结果。"

当事人说:"这要多久啊?"

从业者反映:"你希望快一点。"

符合动机式访谈的导进性摘要

"你一直坚持到这里来,也确实在进步。就算是在雨天,你也能如约来访,你希望快一点,因为今天等待的时间比以往长。那咱们略微提速,直接说说测验结果。"

探索目标和价值观

全面地理解当事人是动机式访谈非常重要的一部分。要理解当事人及其境况,途径之一就是去了解他们的目标和价值观。在和当事人探讨改变之前,从业者务必先搞明白让当事人前来求助并考虑做出个人改变的背景及发展脉络是什么。而这种探索也是在交流中进行的,即从业者会引导当事人畅想并讲出与他所追求的正向改变有关的各种前景。在探索价值观时,从业者会引导当事人明确自己的价值观,或者是找到在生活中尤其重视的部分。对于符合自己价值观的或看重的目标,当事人更有可能投入工作。因此,从业者将当事人提出的目标与其价值观进行联系,这对于导进工作和培养动机都是非常关键的一步,也是很有帮助的一步。

常用的话术 / 表达

可以使用开放式问题来引导当事人探索其目标和价值观。通常,从业者会以一些宽泛的开放式问题来开场,例如,"你希望自己的生活在 5 年后是什么样子?"或者"对你来说,哪些事最重要?"这样的提问可以开启导进和探索,并且让当事人站在一个更高的层次去思考改变。当事人对于他所看重的不同价值观的讨论次序,也有助于从业者更好地理解这些价值观对于当事人的相对重要性。只要当事人开始探讨目标与价值观,从业者就要对其感受或所分享的内容做反映,从而引导当事人详细展开或连贯地思考(例如,"所以为了孩子,你需要财务稳定,你很看重这一点",或者"你好像也不太确定自己能不能做到在出去吃饭时不点油炸食品,而是换成沙拉")。这样做反映也是在和当事人确认他们的目标及价值观,并且留出了请当事人反馈的空间,以说明从业者对其目标和价值观理解得怎么样。

快速查阅

动机式访谈的实践窍门:从业者在做动机式访谈导进的体现

- ⬥ 从业者先用了一些(或更长的)时间来了解当事人,并使他放松,没有直接跳到"解决要害"上去
- ⬥ 与从业者谈话,当事人好像越来越舒服和放松了
- ⬥ 与当事人谈话,从业者感觉越来越舒服和放松了
- ⬥ 从业者和当事人在合作

> ◆ 从业者在提出开放式问题，而不是封闭式问题
> ◆ 从业者在对当事人的讲述做反映
> ◆ 从业者在逐渐理解当事人及其关切和顾虑

聚 焦

虽然动机式访谈应该先完成导进工作，然后才能进入下一步；但我们也要提醒大家，动机式访谈绝非只停留在导进当事人以及为他们创造一个安全的环境来探讨关心的事物上。跟其他循证取向一样，动机式访谈的重点也是帮助当事人做出改变，从而解决他们的问题或者处理令他们前来求助的主题。所以在动机式访谈的工作中包括了聚焦"需要改变什么"，即改变的目标（target）。而遵循动机式访谈风格的从业者也会引导当事人确定他们想要改变什么，而不是像开方子那样要求或强迫当事人接受某个目标或焦点。米勒和罗尔尼克（Miller & Rollnick, 2013）认为，聚焦过程有助于确定当事人的改变议题。

符合动机式访谈的聚焦方式

表3.1列举了一些符合动机式访谈的、可用来协助当事人聚焦于改变目标的开放式问题。

表3.1 符合动机式访谈的聚焦性问题

提问	为何符合动机式访谈
你希望自己做出的改变是什么？ 对于_____，你最担心的是什么？	这类提问可以引导当事人关注自己为何来找从业者求助，也有助于建立信任关系
对于改变自己的_____，你考虑得最多的是什么？	这类提问有助于从业者更好地理解当事人的态度、行为以及可能遭遇的问题
当你尝试去_____，会遇到什么情况呢？	这类提问有助于从业者更好地理解当事人的关注和顾虑，包括潜在的阻碍和资源
对于_____，你最先了解或者留意到的是什么？	这类提问有助于引导当事人分享自己的经验和自己的"专家意见"

议题设定

议题设定是一种可以规避过早聚焦陷阱的好方法。符合动机式访谈的议题设定需要从业者与当事人进行简短的探讨，同时还要尽可能地保证当事人的自由决策权。这样做有助于从业者和当事人共同决定哪些话题更重要、更值得探讨（Rollnick，Miller，& Butler，2008）。当从业者不强加自己的关注或顾虑给当事人，而是倾听并试图真正理解当事人对相应情况的看法时，当事人会更愿意听取从业者的意见（Mason & Butler，2010）。不过，基于行业准则或实务环境的要求，有些信息可能是从业者必须给出的，或者有一些话题可能是必须讨论的。例如，我们在培训糖尿病健康教员时就了解到，医生通常会要求他们对患者进行营养教育，比如要给近期有过心脏病发作的患者讲解"心脏健康食谱"。所以，有的学员会问："我们有既定的任务要完成，哪能让当事人一起设定议题啊？"对此，我们的回答是：虽然这些工作要求可能会影响动机式访谈议题设定的性质，但也不是说从业者完全做不了符合动机式访谈的议题设定。所以我们鼓励这些糖尿病健康教员使用引导风格，并将"议题设定"当作一个分享及合作的过程。于是在议题设定的过程中，糖尿病健康教员就像一位好向导，既会分享医生的关切、担心和建议，也会邀请当事人表达他们自己的关切与顾虑。在动机式访谈中，议题设定是可以贯穿会谈或在会谈全程多次进行的，即当需要引导当事人主动地对会谈走向做出选择或决定时，就可以进行议题设定。

议题设定的例子

"现在，如果你觉得可以，我希望与你一起看看上次填写的问卷结果。你觉得怎么样？（等待当事人的回应）看看这个表，咱们可以讨论好几个内容。那么在这些内容里，哪个是你最有兴趣了解的呢？"

"你觉得咱们先探讨哪个会最有帮助呢？"

"鉴于医生要我这么做，所以我今天会跟你讨论一下锻炼的事，不过我也很想知道你最想了解和探讨的是什么。"

从业者也可以用评估反馈表来辅助议题设定工作。例如，"我的数据卡"是我（迈克尔·B. 马德森）和同事在一个促进健康生活方式的干预项目"枢纽城市健步走（Hub City Steps）"中使用的评估反馈表，如图3.1所示（Zoellner et al., 2011；2014）。该表专为"枢纽城市健步走"项目设计，聚焦于当事人的健康指标。从业者可以使用类似的表进行其他评估，或监测不同的行为。在使用评估反馈表辅助议题设定时，可参照以下方式。

"这个叫'我的数据卡'。你每次过来时，都会在这个卡上填写记录。你可以在这个卡上看到自己的血压信息……（继续介绍完这部分，例如血脂等信息。）还有你的健康数据。在回看这些内容时，我们可以好好看看讨论哪方面可能对你来说最重要。在这些数据里，你觉得哪个数据对你来说是最重要的……哪个是第二重要的……"

我的数据卡

健康指标	健康范围	数据1	数据2	数据3	数据4	数据5	数据6	数据7
收缩压（高压）	<120毫米汞柱							
舒张压（低压）	<80毫米汞柱							
腰围	男<102厘米 女<89厘米							
身体质量指数（BMI）	18.5～24.9							
体重	不等							
身高	不等							
总胆固醇	<200毫克/分升							
低密度脂蛋白胆固醇（坏）	<100毫克/分升							
高密度脂蛋白胆固醇（好）	男>40毫克/分升 女>50毫克/分升							
血糖	餐前：70～130毫克/分升 餐后：<180毫克/分升							

图3.1 可辅助议题设定的评估反馈表举例

果蔬摄入	4～5杯[①]			
纤维摄入	≥25克/天			
糖类摄入	约2茶匙[②]/天（5汤匙[③]/周）			
钙摄入	1000毫克/天			
乳制品摄入	2～3杯			
血压	正常/异常及个人医疗信息标识卡			
血糖	正常/异常及个人医疗信息标识卡			
胆固醇	正常/异常及个人医疗信息标识卡			

图3.1（续）

① 1杯（cup）等于8盎司，约为236.6毫升。这是一个美国常用的生活计量单位，经常用于测量液体，比如牛奶、果汁、乳制品等。——译者注

② 1茶匙（teaspoon）约等于5毫升。这是一个美国常用的生活计量单位，通常用于量取小量的液体或粉末状的食材，比如糖、盐、香料等。——译者注

③ 1汤匙（tablespoon）约等于15毫升或3茶匙。这是一个美国常用的生活计量单位，通常用于量取大量的液体或半固体食材，比如油、蜂蜜、黄油等。——译者注

> **快速查阅**
>
> **动机式访谈的实践窍门：从业者在做动机式访谈聚焦的体现**
> - 当事人是设定会谈议题的主角
> - 从业者对当事人的目标有很好的理解
> - 从业者对于自己和当事人在目标上的一致或不一致之处保持觉察
> - 从业者和当事人朝着达成共识的目标一起工作

唤 出

从发展历史上看，唤出过程可能是最能代表动机式访谈的。在改变的焦点被确定之后，遵循动机式访谈风格的从业者会引出当事人自己关于特定改变的理由、愿望或需要，即"改变语句"。这种引导当事人自己讲出来的做法，可以帮助他们觉察、明确并理解自己的改变动机。所以在本质上，当事人是自己讲着讲着就说服自己开始了改变。专家级水准的动机式访谈从业者一般都会引出多种类型的改变语句［DARN（预备型）和CAT（行动型）——详见第二章］，然后才会转入计划过程。并且，专家级水准的动机式访谈从业者通常也不会只针对当事人的病史、不良的环境或行为去唤出改变语句，而是会针对"相应的改变（或不改变）可能如何影响当事人的现在与未来"进行唤出（Moyers, Martin, Manuel, Miller, & Ernst, 2010）。相反，不遵循动机式访谈风格的从业者会向当事人讲课、说教，告诉对方改变为何是重要的或者当事人为什么需要去改变。但这样做可能会适得其反，不但会减弱动机，而且会增加不和谐，尤其是在当事人怀有矛盾心态时（Miller & Rollnick, 2013）。

请注意，唤出过程也会随着会谈的变化而变化，因为唤出工作要根据特定当事人在具体的会谈中最明显、最突出的动机表述来灵活展开。而且为了遵循动机式访谈的精神，从业者也需要利用当事人给出的反馈和信息来引导动机式访谈的走向。不过，我们作为动机式访谈的从业者、培训师及督导师也发现，在顺利的唤出过程中，往往会呈现一种模式。通常，从业者和当事人一开始都很自然地聚焦于后者的问题行为或不良生活环境所造成的负面后果，所以也在考虑改变这种行为或环境。实际上，若从业者询问"今天你为什么过来求助？"，当事人自然就会说出一段或更多段负面遭遇，而这些经历所指向的改变也是他正在考量的。例如，当事人会说："我的体重已经超过 90 千克了，衣服也都小了，穿不了了。"或者"我已经第三次酒驾被抓了，律师说如果我不来治疗，可能就得蹲监狱了。"在探讨并细说了这些负面影响后，从业者通常会引导当事人预想做出改变或不做出改变的结果，以唤出这些内容。例如，从业者可以询问："如果你成功地减掉了 11 千克，你觉得自己的生活会有哪些改善？"或者"如果你继续酒后开车，那么可能会发生什么？那或许也是你所担心的。"

符合动机式访谈的唤出方式

通过提问来引出愿望、能力、理由和需要（DARN语句）

愿望

"你希望（期待、想要或盼望）看到哪些变化？"

"你为什么可能想要改变这方面呢？"

能力

"哪些是你有可能做的呢？"

"你能够／可以做些什么呢？"

"你有能力做的是……？"

"假如你决定做这方面的改变了，那么你可以怎么做呢？"

理由

"这会带来哪些好处呢？"

"你希望降低哪些风险呢?"

"你觉得做出这一改变,最重要的三个好处是什么?"

需要

"这一改变对你有多重要呢?"

"你多需要做出这一改变?"

留意不符合动机式访谈的提问

从业者是在有思路、有方向、有选择地提问唤出式问题。不过,我们也发现有很多动机式访谈的学员(其实在学习和实践动机式访谈之前,我们自己也是)更习惯询问改变语句的相反面——持续语句。如第二章所述,持续语句表达了对维持现状的支持态度,即当事人为什么不想改变,为什么觉得自己不能改变,以及认为应该维持现状的理由。从业者可能会引出持续语句的提问,例如:"为什么你没有……?""为什么你不能……?""为什么你不会去……?"。

准备尺/量尺问句

使用准备尺(readiness ruler)或量尺问句,也有助于引导当事人对自己的动机做出主观报告(Lane & Rollnick, 2009)。这类评估当事人改变准备度的量尺可针对改变的重要性或信心打分——从1(完全不重要/没信心)到10(极为重要/有信心)——以体现当事人的动机水平,同时为他们提供了一种新视角来观察自己对于相应改变的矛盾心态,并且可能引出他们的改变语句。这类量尺可以用语言来描述,还可以通过视觉来呈现,比如,画出一条线段,然后标记上刻度1—10(准备尺/量尺问句的书面素材详见第六章)。通过调整准备尺/量尺问句的主干部分,例如,"……对你有多重要?""对于……你有多大的信心?""对于……你有多大的决心?",从业者可评估当事人改变动机(准备度)的不同维度。

例如，从业者可以询问当事人：

"这里有一把尺子，刻度是1—10，1代表'完全没有'，而10代表'极为强烈'。那么在喝酒时，你想要保护自己的感受有多强烈呢？"

从业者也可以评估改变特定行为对于当事人的重要性，例如：

"这里有一把尺子，刻度是1—10，1代表'完全不重要'，而10代表'极为重要'。那么进行安全的性行为对你来说有多重要呢？"

从业者还可以评估当事人对于做改变的信心或者能力的把握，例如：

"这里有一把尺子，刻度是1—10，1代表'我肯定做不到'，而10代表'我肯定能做到'。那么对于参与令人愉快的活动，你有多大的信心呢？"

特别是在会谈的结尾，从业者还可以使用量尺问句评估当事人对于做改变的决心／承诺，例如：

"这里有一把尺子，刻度是1—10，1代表'完全没信心'，而10代表'极为有信心'。那么对于你'每周散步4天'的计划，你有多大的决心会去完成呢？"

使用准备尺／量尺问句的一个关键环节是后续提问当事人他们为什么给出／选择了这个分数，即在当事人打分后，从业者继续提问为什么是这个分数，而不是其他的分数。当事人回答时，他们就有机会考虑改变为何重要或者有多重要了。请注意，在这里一般应该先询问当事人为什么没有选择一个更低的分数（例如，"为什么你给的是8，而不是更低的5？"），这样才更有可能引出改变的理由。这个提问如果跟在重要尺（importance ruler）之后，那么当事人有机会思考并讲出"不做改变可能造成的不良后果"，例如，"如果我仍对锻炼不上心，恐怕还得心脏病发作"。然后，从业者可以再询问当事人可以怎样提升到更高的分数（例如，"要出现什么情况，可以使你从8提升到9

呢?")。这种提问如果是围绕信心尺(confidence ruler)进行的,那么当事人的回复可能有助于形成后续的改变计划(例如,"我觉得,要是知道家人可以支持我,我就更有信心戒烟了")。所以,仅靠准备尺／量尺问句本身或许也可以提供关于当事人动机(准备度)水平的有价值信息,但如果没有了后续的提问,就失去了唤出改变语句的机会。

留意会引出持续语句的后续提问

我们在培训中发现,在进行量尺评分后,很多动机式访谈学员都更习惯询问容易引出持续语句或引发防御的问题。例如,若从业者询问:"如果用一把刻度是1—10的尺子进行测量,每天服药对你来说的重要性有多大呢?"当事人回答"5"。然后从业者接着问:"为什么你给的是5,而不是10呢?"那么接下来,当事人基本上也只能回复持续语句了,例如,"我还有太多的事情要做,不可能把它放到第一位"。此外,当事人可能还会觉得这类问题带有评判性,从业者好像在表达"你本应该更重视这一点",所以当事人再回应时自然也就更防御了。同样,如果双方的关系不佳,那么当事人也会给出防御性回答或者是他们觉得从业者想听的答案。所以,良好的关系和引导式沟通风格都有助于从业者更准确地评估当事人的改变动机。

权衡决策

对"利弊"进行权衡决策,可让从业者和当事人一起充分地考量改变,即全面地思考"做改变"以及"不改变"各自带来的好处与坏处(Ingersoll et al., 2002)。此方法一般用于对自己人生／生活改变感到矛盾的当事人,从业者会借此引导他们做出关于改变的决策。从业者可以通过介绍动机和矛盾心态来引出权衡决策的练习。

例如,从业者可以这样说:

"很多事物都有利有弊,所以当我们考虑做相应的改变时,自然会有矛盾心态。矛盾心态是指,你对同一件事的感受很复杂,某些不同的感受之间还互相冲突。对于这件事,你既想去做,又不想去做。所以当人们处在矛盾心态之中时,很难做出决定,因为总觉得无法两全其美、面面俱到。有一个破解这种局面的方法,就是我们充分看一看两种矛盾的感受,就好像对硬币的两面都予以认真端详、仔细观察一样。"

权衡决策工作表的示例请见第六章。

快速查阅

动机式访谈的实践窍门:从业者在做动机式访谈唤出的体现

- ❖ 从业者听见了当事人对于改变动机的表达
- ❖ 从业者了解了这一改变对于当事人的重要性
- ❖ 从业者了解了当事人对于这一改变的信心强弱
- ❖ 从业者在倾听和回应改变语句
- ❖ 从业者通过提问和反映来引出改变语句,而不是直接给出改变的理由
- ❖ 从业者没有主张改变

计 划

制订一个具体的改变方案,并培养付诸行动的决心,这些对于引导当事人做出改变也是必要的。基于动机式访谈的精神,计划过程也应着重引出当事人自身关于改变的想法、选择和办法,而不是直接给出方案或指导对方该怎么做。这一点尤其重要。因为在我们的经验中,动机式访谈的学员通常会觉得,既然当事人的改变动机已经"到位"了,那么从业者自然也获得了指导并"告诉"对方该怎么做的许可。但根据动机式访谈的风格,从业者务必觉察并谨记:当事人才是其生活和人生的专家,所以他们至少会有一些(哪怕不是全部)办法来解决自己的问题(Miller & Rollnick, 2013)。所以,计划阶段的重点

应该放在唤出当事人的解决方案上，然后再由从业者补充信息，比如：遇到类似情况的其他人觉得有帮助的方法；当事人可以有哪些选项；以及从业者想建议的内容（只在必要时或在当事人提出请求时提供）。如此一来，从业者不但帮助当事人辨识并确定了最适合自己的方法，而且提升了当事人付诸行动的可能性。在这里不妨稍做停留，大家也来想一想，还有谁比你更了解你自己呢？正如作者所建议的这本书的读法，肯定不如你亲自摸索总结出来的适合你。对于人们做改变这件事，也是同样的道理。作为专业人员，我们都学习并实践过改变问题行为的一些方法。不过我们并不知道这些方法对于某一位当事人而言的效果如何，只有当事人自己知道更有效的方法是什么。从业者可以通过提问、反映、提供信息与选项以及摘要，推动在计划过程中的探讨。

符合动机式访谈的计划方式

提问

"你觉得自己会怎么做呢？"

"你的第一步要怎么做呢？"

"你计划怎么做呢？如果你想到了。"

"你打算怎么做？"

信息交换

在计划过程中，当事人可能会问起，或从业者觉得有必要给出一些关于改变的选项信息。而这个信息交换过程是否符合动机式访谈，要看从业者是怎样来呈现这些信息的。传统的信息交换是一种自上而下的传达过程，也就是由"专家"角色来分享和解释信息。但这是不符合动机式访谈的，因为这种方式忽略了当事人对信息的解读，只着重在开方子式地给出信息上，没有引出和培养当事人的主动性。符合动机式访谈的信息呈现方式会主动征询当事人对于信息的解读，从而促进各方合作及参与。

"引出-提供-引出"是一种符合动机式访谈的信息呈现方式，旨在引导当事人参与信息交换（Lane & Rollnick，2009；Rollnick et al., 2008）。从业者在提供信息之前会先引出／询问当事人已经知道的信息。例如，在分享有关糖尿病的信息时，从业者会先询问当事人："你对糖尿病有哪些了解？"当事人给出的回答可以帮助从业者更好地了解当事人目前已知的信息，包括准确的或不准确的信息。这样一来，从业者提供信息时就更有针对性了。接下来，顺着当事人的分享，从业者会提供有关糖尿病的、只有一个小组块信息量[①]的信息。而在给出信息后，从业者会再次引出／询问当事人对于这些信息的理解／解读或体会反应。在需要向当事人反馈评估或诊断的结果时，这种引出－提供－引出的信息交换模式会特别有帮助。

引出－提供－引出的例子

开头的引出式提问："你说了你对自己喝酒的担忧，也说自己必须改变，你也准备行动起来做些什么了。那么关于这方面的改变，你最想了解或者讨论的是什么呢？"

当事人的回答："我就是听说，要改变喝酒行为，就得去康复中心，而且要待很长一段时间，会远离工作，家人也不在身边。"

以容量适当的组块来提供信息，并着重在客观的数据或资料上，而非从业者的主观解释上："嗯，你听到过一些有关怎样改变饮酒行为的说法，你对这些说法是有顾虑的。如果可以，我也想跟你分享一些信息，或许可以使你更好地了解人们改变饮酒行为的不同方式。有些人会自己来改变，有些人会去参加12步互助团体，还有些人会选择去门诊咨询。当然，也有些人选择去康复机构做更集中的治疗。根据你所提供的酒精使用情况，再与我国[②]的统计标准做比较，也许门诊咨询这种形式是最适合你的。"

后续的引出式提问："对于这些内容，你怎么看呢？"

[①] 一个小组块的信息量，一般指由2～4句话组成的一段表述。——译者注

[②] 文里指本书作者所在的美国。——译者注

讨论选项菜单

提供选项菜单有助于当事人更好地参与计划过程。在使用这种方法时,从业者先基于自己的专业储备及最优的干预指南准备一组选项,然后邀请当事人从中选出最适合自己的某个或某些方法。同时,如果要以更符合动机式访谈的方式运用此法,那么从业者还会鼓励当事人扩展或补充在原有选项中未涉及的意见和提议(增加新选项)。例如,下面呈现的是关于大学生安全饮酒行为的选项菜单,这些选项都可以减少醉酒问题。请注意,这里有一些空白的圆圈,旨在为当事人留出空间,写出他们愿意考虑或者已经在做的其他提议。所以,在协助当事人发现和确定相应的改变策略/方法时,从业者可使用选项菜单来开启这样的谈话(见图3.2)。

图3.2 使用选项菜单讨论安全饮酒方法的例子

选项菜单的例子

"如果你希望,咱们就聊一聊可以在喝酒时减少负面后果的办法。看这张图(图3.2),它列出了其他大学生会使用的、饮酒时自我保护的办法。这部分是指按照计划的量来饮酒('饮酒要知量'宣传语的图片)。这部分是指酒精与非酒精的混合饮品(饮料瓶的图片)。这部分是说你的饮酒方式('啤酒杯'的图片——代表'啤酒乒乓球游戏')。这些部分则代表了减少潜在的严重伤害(玻璃杯且写着'谁在看你饮酒?'提醒标语的图片)。你看还有一些空白的部分,这些代表前面没有提到的、你自己想到的点子。所以,为了实现你在前面讲过的饮酒方面的目标,这里的哪些方法或许是你在喝酒时也可以使用的呢?"

制订改变方案

改变的方案就好比一张详细具体的地图,可以让当事人有抓手地依照而行,达成自己的改变目标(Naar-King & Suarez,2011)。一个有效的改变方案的具体内容包括:(1)要改变的行为;(2)关注动机要素;(3)改变的目标;(4)行动方案,包括可执行的步骤;(5)潜在的阻碍;(6)清除阻碍的步骤。一般而言,如果当事人已经准备好了将改变付诸行动,那么他们会去执行改变的方案。因此,从业者要在提升当事人的改变动机及决心/承诺之后,再与他们商讨改变的方案。

在制订改变方案时,可参考的常用话术或表达如下所示。

"既然咱们已经讨论了你的饮食和锻炼,那么你觉得自己想要在这些方面做些什么呢?"

"既然咱们已经谈到这里了,那么我想知道,你自己计划怎么做呢?"

表3.2梳理了制订改变方案所涉及的内容,给出了向当事人提问的例

子，并对相应内容中的重点和要点做了备注说明。我们根据MATCH[①]项目（Miller, Zweben, DiClemente, & Rychtarik, 1992）中的"改变方案工作表"修订发展出了这部分内容，并已将它运用到了其他项目之中。

表3.2 改变方案的制订流程

方案内容	符合动机式访谈的提问	要点备注
明确当事人想做的改变	"对于自己的健康，哪些是你想要改变的？"	要具体，并且包括正向的目标（例如，想增加锻炼、吃更多蔬菜和水果），而不是只有负面的目标（例如，戒掉油炸食品）
关注改变的理由	"咱们之前讨论了一些做改变的理由，比如……（摘要这些理由）。那么对你来说，你想做改变的最重要的理由是哪些？"	要引出／提醒当事人之前讲过的改变理由
引出当事人希望达成什么——改变的目标	"请讲讲你的总体目标吧，或者说，你希望通过这些改变达成怎样的结果？"	目标需要切合实际、可执行、可达成
明确当事人计划执行的行动	"为了自己的目标，有哪些行动或事情是你打算去做的？"	呈现一些信息和选项——以符合动机式访谈的方式——可以有帮助
引出可以先执行的行动步骤	"那么在这些行动或事情中，你觉得自己可以先做哪些？""那么要做这些的话，你可以先执行哪些步骤呢？""那么你会在什么时间，在哪里，以及如何去执行这些步骤？"	要引出特定的、具体的步骤

[①] 英文"Matching Alcoholism Treatment to Client Heterogeneity（匹配当事人异质性的酒瘾治疗）"的简称。——译者注

续表

方案内容	符合动机式访谈的提问	要点备注
可能的阻碍或干扰	"提前想想那些可能让你的方案受阻的事物,通常会有帮助。""可能干扰你方案的是什么?你如何继续坚持下去?"	保持积极正向的氛围,聚焦于如何规避或处理这些干扰
明确谁能帮助当事人坚持执行这个方案	"谁可以帮助和支持你坚持执行这个方案?"	要确定具体的人,以及明确他们会怎样帮助当事人
明确当事人怎样得知这个方案的效果	"你要怎么知道这个方案的效果呢?"	要明确特定的、具体的指标,以体现该方案是否有效

快速查阅

动机式访谈的实践窍门:从业者在做动机式访谈计划的体现

- ◇ 从业者意识到了下一步的合理做法,但不会将它强加给当事人
- ◇ 从业者克制住冲动,先不给当事人提建议,而是先去唤出当事人自己的解决方案
- ◇ 从业者先征求当事人的许可,经同意后再提供信息或建议
- ◇ 从业者应真诚地接受以下观点:对某位特定的当事人而言,最好的方案可能并不是你建议的方案

四个过程的地图

初学动机式访谈并尝试应用它的从业者常会反馈一个问题:自己不是很确定,动机式访谈的会谈该怎样连贯进行。对此,我们绘制了一张典型的动机式访谈会谈的"地图",很多学员都表示,这对于他们着手实践动机式访谈很有帮助(见表3.3)。当然,更成熟、更具技巧的动机式访谈从业者主要根据当事人给出的信息和反馈来引导会谈的走向,但在形成这种直觉之前,动机式

访谈的新手从业者可以先使用这张地图作为参照,来协助自己引导会谈。请注意,主要的谈话技巧仍然是开放式问题、反映和摘要。虽然从业者可能更习惯于提问,但一定不要忽略或跳过反映和摘要。

表3.3 四个过程的地图

导进	・询问:"你今天过得如何?" ・对当事人的回答做反映
聚焦	・如果从业者已有需要优先讨论的目标行为,就征求许可,以便对此进行聚焦:"你觉得我们是否可以花点儿时间谈谈_____?" ・如果从业者没有需要优先讨论的目标行为,那么可以询问:"今天,你想谈的是……?"
唤出	・询问:"_____对你而言,三个最重要的理由是什么?" ・对当事人给出的理由做反映 ・询问:"你还有其他哪些理由去做_____呢?" ・对当事人的回答做反映 ・询问:"假如你成功做到了_____,请你想象一下自己的生活会有怎样的变化呢?" ・对当事人的回答做反映 ・询问:"如果用一把刻度是1—10的尺子进行测量,_____对你的重要性有多大呢?" ・对当事人的回答做反映 ・询问:"为什么你给了_____,而不是_____?" ・对当事人的回答做反映 ・询问:"如果用一把刻度是1—10的尺子进行测量,你对_____有多大的信心?" ・对当事人的回答做反映 ・询问:"为什么你给了_____,而不是_____?" ・摘要当事人说出的所有的改变理由(如果当事人也说了一些不改变的理由,可以使用双面式反映)
计划	・询问:"那么你下一步计划怎么做呢?或者你觉得自己将会做些什么呢?" ・对当事人的回答做反映 ・询问:"在这方面,咱们已经聊了一会儿了,但请你再说一下,你想要做出这方面改变的主要理由是……?"

续表

- 对当事人的回答做反映
- 询问:"那么要做这样的改变,你计划采取哪些步骤呢?"
- 对当事人的回答做反映
- 询问:"其他人可以怎么帮助你做这个改变呢?"
- 对当事人的回答做反映
- 询问:"那么你如何知道你的方案是否奏效呢?"
- 对当事人的回答做反映
- 询问:"可能会干扰或阻碍这个方案的是什么?"
- 对当事人的回答做反映
- 询问:"如果这个方案不太管用,你怎么办?"
- 对当事人的回答做反映
- 对当事人讲过的、从业者记录在改变方案中的所有内容做摘要
- 询问:"如果用一把刻度是1—10的尺子进行测量,你有多确定自己会按照这个方案做呢?"
- 对当事人的回答做反映
- 询问:"为什么你给了_____,而不是_____?"
- 对当事人的回答做反映
- 对整个动机式访谈会谈做摘要

动机式访谈的四个过程:促进健康的例子

我们参与了一个旨在应用动机式访谈减少非裔美国人的高血压、促进营养摄入和日常运动的干预项目,即"枢纽城市健步走"。该项目包括为期3个月的干预,会给参加者提供个人健康状况反馈,并为他们制订一套个性化改变方案(Zoellner et al., 2011, 2014)。

项目中的教练是受过动机式访谈培训的,并具有营养学或心理学背景,他们要跟参加者完成沟通会谈(Madson, Landry, Molaison, Schumacher, & Yadrick, in press)。表3.4列出了使用动机式访谈进行反馈会谈的过程,这个例子选自"枢纽城市健步走"项目中的动机式访谈咨询师手册,但进行了一些修改,并非原文(Madson, Bonnell, McMurtry, & Noble, unpublished manual)。

表3.4 四个过程应用于促进健康的例子

动机式访谈的过程	应用于"枢纽城市健步走"项目
导进	对参加者（被试）表达感谢，导进——了解参加者对于"枢纽城市健步走"项目的反应，并铺垫后续的教练会谈 "感谢你来参加我们今天的健康主题活动。你对今天参加的各种活动体会如何？（对参加者的回答做反映）我叫迈克尔·B. 马德森，是这个项目的健康顾问。我会和你讨论今天采集到的信息，主要看你觉得哪些方面的信息比较重要，或者有助于你考虑和决定与健康有关的改变，以及如何去改变。你觉得这样来安排如何呢？我想听听你的看法。" （反映）
聚焦	议题设定——通过引入"我的数据卡"来聚焦探讨对参加者重要的健康指标 "要是你觉得可以，我想谈一下你今天健康评估的结果。这个叫'我的数据卡'。你每次过来时，都会在这个卡上填写记录。你可以在这个卡上看到自己的体检信息，还有相应数据的健康程度。比如你看，这里是你的血压数据，处在健康的范围里。咱们再来看看其他数据，看哪个可能是对你来说最重要、最值得讨论的？" （对参加者的回答做反映） "第二重要的呢？" 从业者给出对参加者健康的评估结果，并唤出参加者对于改变的理由、需要以及能力语句 运用引出-提供-引出，给出对参加者的评估结果，并以符合动机式访谈的方式帮助参加者提升改变的动机（准备度） "你提到你最关心的是自己的血压。那么你对血压有哪些了解呢？（对参加者的回答做反映）咱们具体看一下，把你今天的血压和健康水平做比较，好像你的数据略高。根据你了解的有关高血压的知识，你怎么看这个对比结果呢？" （对参加者的回答做反映） 可针对参加者不同的关注点反复进行这样的聚焦过程，每次都要做摘要
唤出	摘要并引出 "你从'我的数据卡'中确定了自己关注和担心的几个要点，包括高血压、体重超出预期以及感觉精力不足。" （用符合动机式访谈的方式引出）

续表

动机式访谈的过程	应用于"枢纽城市健步走"项目
	"你觉得为了健康做出一些改变,这对于你有多重要呢?" (反映) "你想要在健康上做改变的理由有哪些呢?" (反映) "假如你做了／不做健康上的改变,那么等到5年后,你的生活会是什么样子的呢?" (反映) "你目前的行为可以带来哪些好处呢?" "你目前的行为又会带来哪些不好的结果呢?"
计划	摘要参加者说出的改变语句 "如果可以,我来总结一下咱们的讨论。你谈到了对自己健康的关注和担心,特别是血压、体重和精力不足。你说改变自己的饮食和健康习惯也是在为孩子们树立榜样,所以你很看重这一点。你还不太确定能不能调整食谱,因为你不想让家人舍弃他们喜欢的食物,舍弃这种快乐;同时,你也清楚地认识到了帮助家人吃得健康是一件多么有意义的事。你还希望自己更有精力,你说健康饮食和增加锻炼是变得更健康的最好途径。那么基于这些,你觉得自己想怎么做呢?" (反映) 为参加者提供改变的选项菜单 "如果你想了解,咱们可以聊聊能促进健康的一些改变。为了方便咱们聊这些,这里有个选项菜单,列举了其他人的一些经验。表里列出的行为或做法对于管理和调整与你类似的问题很有帮助。这里是指正式的锻炼,比如健步走。这里是指在日常生活中增加锻炼活动,比如不坐电梯走楼梯。这里是说健康饮食,比如摄入更多的蔬菜和水果。你看,还有一些空白的区域,可以补充前面没有提到的其他方式。那么你想再说其中的哪些或哪一个,或者你还想到了哪些其他的改变方式是更值得谈一谈的?" 引出参加者的改变方案,要具体 "更具体地说,你想做的是……?" (反映) "你要做这个改变的理由是什么?" (反映)

续表

动机式访谈的过程	应用于"枢纽城市健步走"项目
	"做这个改变,你的目标是什么?" (反映) "你计划第一步做什么?" (反映) "谁可以帮助你朝着这些目标努力?" (反映) "你预计这些改变可以带来哪些结果?" 摘要参加者的方案,突出这适合参加者自己的(目标、需要、意图及信念),并唤出参加者的决心/承诺语句 "看我是否准确理解了你的意思。你想要多吃蔬菜和水果,你也想在每天晚饭后去健步走至少20分钟。你觉得,这两个改变对于你管理自己的血压、提升精力以及给孩子树立榜样都是非常重要的。你要做的第一步是找到卖果蔬的店铺,还有给自己找一双健步走时穿的鞋子。你提到了有位邻居会有兴趣跟你一起走走,你也准备跟她制订一个健步走的时间表。以上都体现出了你是真的希望通过这些改变来减轻体重,走起路来不再气喘吁吁,自我感觉更好。那么,你已经下定决心落实这个方案了吗?"

动机式访谈的四个过程:预防酗酒的例子

大学生短程酒精筛查及干预(Brief Alcohol Screening and Intervention for College Students,简称BASICS;Dimeff, Baer, Kivlahan, & Marlatt, 1999)已在全美高校中应用了20多年。BASICS是一个预防酗酒的项目,关注的是疑似有酒精滥用痕迹的高风险大学生(如出现过酗酒的证据——无节制地豪饮或与醉酒有关的后果)。BASICS项目根植于动机式访谈,含有两次大学生和BASICS咨询师的会谈。第一次会谈评估酒精使用和与之相关的问题/风险。第二次会谈给出个性化的反馈,并以符合动机式访谈的方式讨论评估的结果,从而增强大学生在饮酒时进行自我保护的动机。表3.5使用了美国南密西西比大学BASICS项目的例子，展示了如何基于动机式访谈的四个过程进行这次反馈会谈。

表3.5 四个过程应用于预防酗酒的例子

动机式访谈的过程	应用于 BASICS 项目
导进	在 BASICS 项目的第一次会谈中导进当事人 "你好，我叫迈克尔·B.马德森，我是 BASICS 项目的咨询师。欢迎你参加这个项目，也感谢你今天的来访。我知道是学院院长要求你来参加 BASICS 项目的。不过，我也特别想听你讲讲自己为什么会来这里和你的看法。如果你愿意，也请说说在你看来都发生了什么，还有你对于参加 BASICS 项目的想法。" （反映） "如果可以，我想跟你分享关于这个项目的信息，以及你可能从中获得的收获，我也会回答你想问的问题。你觉得这样如何？我的工作是跟你一起收集和讨论关于你酒精使用的信息，因为 BASICS 项目不是要判断你有没有酗酒问题或者给你贴标签；相反，我会跟你讨论你所谈到的自己在饮酒方面的信息，这些信息对你来说意味着什么，哪些是你已经做出的改变，以及基于你所看重的事物，还有哪些改变是你想去做的。你觉得这样如何？我想听听你的看法。" （反映） 在 BASICS 项目的反馈会谈中导进当事人 "欢迎你回来。感谢你今天的来访。从上一次会谈到现在，你过得怎么样？" （反映） "在咱们开始讨论你上次给出的信息之前，我想先问问你对上次的会谈有没有什么疑问或想探讨的地方，或者听听你对于上次会谈及所填问卷的感受，任何事都可以。" （反映） "可能你有印象，咱们上次也提过，今天的会谈主要是讨论你所提供的酒精使用方面的信息。我希望这是一次合作式交流，所以欢迎你随时打断我。如果有问题或者有地方需要再明确，你就随时提。你觉得这样可以吗？" （反映）

续表

动机式访谈的过程	应用于 BASICS 项目
聚焦	议题设定——聚焦会谈的重点 "有好几个方面都值得谈一谈，你有什么特别感兴趣并想聊聊的事情吗？" （反映） "如果你觉得可以，咱们可以先从这里开始，来回顾一下你的自我监测表。你觉得呢？" （反映） 运用引出-提供-引出，来提供个性化的评估反馈 "在你看来，如果有影响，那么酒精给你造成了哪些问题或者引发过哪些不愉快的经历呢？根据你给出的信息，你在喝酒时做的事好像往往会令你感到后悔。你怎么看这种情况？"
唤出	"人们喝酒各有各的原因或理由。你喝酒可能是出于什么原因呢？这些原因又会怎样影响你的饮酒量呢？或者当你不想喝时，这些原因又会如何影响你呢？" （反映） "同学们往往决定要用一些办法来减少自己喝酒时可能出现的负面后果。你觉得他们的这种考虑和决定与你想在喝酒上做出改变之间的共性如何？" （反映） "如果用一把刻度是1—10（1表示完全不重要，10表示极为重要）的尺子进行测量，那么去了解喝酒时进行自我保护、避免负面后果的一些新办法对你来说的重要性有多大呢？（当事人回答的是5。）那么为什么是5，而不是3呢？" （反映） "如果使用这些安全饮酒的方法，可能会有哪些坏处呢？可能会有哪些好处呢？" （反映）
计划	摘要当事人说过的改变语句，并过渡到计划过程 "咱们今天刚开始谈的时候，你还不确定自己要不要在喝酒上做些改变。一方面，你很享受现在的饮酒方式，你喜欢参加朋友的派对；另一方面，你也知道了自己这样饮酒更容易造成负面后果，而且你事后

续表

动机式访谈的过程	应用于 BASICS 项目
	也对自己喝酒时的所作所为感到特别尴尬。你提到你想了解一些方法，可以在喝酒时用起来，从而减少可能的负面后果。那么，你打算做些什么呢？任何事都可以。" （反映） "如果你希望如此，那么咱们可以讨论一些可供你参考的方法，让你在喝酒时用上，来避免不好的结果。说起安全饮酒，你一下子能想到什么呢？" （反映） "这里有一份清单，列出了其他同学——有本校的，也有别的学校的——在喝酒时用来自我保护的一些行为。有些同学会控制饮酒量，比如不去干杯或一口闷，或者是把酒换成非酒精饮料。另一些同学会采取措施避免喝酒造成严重的危害，比如找代驾，或者先搞清楚自己喝的东西是什么成分。那么基于你之前谈过的在饮酒上的改变目标，以上哪个或哪些做法，或者还有其他的方法，是你可以在喝酒时用来自我保护而且符合你的目标的呢？" （反映） 引导当事人制订改变的方案 "你选择了'搞清楚自己喝的是什么'及请代驾。那么你选择这两种做法的原因是什么呢？" （反映） "你希望通过这两种做法，带来怎样的效果呢？" （反映） "谁可以帮助你使用这两种策略呢？" （反映） "你要怎样判断做这些是有效果、有帮助的？" （反映） "在咱们结束今天的谈话之前，我想对你'安全饮酒'的行动方案做个总结。对你来说，减少与饮酒有关的负面后果是非常重要的，因为你知道，当你喝酒时，更可能发生这些负面后果。你说你要搞清楚自己喝的是什么，也会请代驾来开车。这些做法可以帮助你更好地管理自己的饮酒，从而确保自己安全。你希望通过做这些，让自己在喝酒时更加自控，不惹麻烦，也不会做出后悔的事。你也确定了，那些保持清醒的姐妹们可以帮助你执行这个方案，所以你也会告诉她们你的计划、方案和目标。那么，你是否已经下定决心做这些事了呢？"

本 章 总 结

通过学习和运用动机式访谈的四个过程,从业者可以更好地理解如何引导当事人探讨并向着改变发展。我们在培训中发现,很多从业者更习惯直接扑向计划过程,或者说立刻就将谈话的重点放在解决当事人的问题上。对于那些已经缔结了助人关系、自己已准备好、很愿意也有能力去改变的当事人来说,这种做法有时可能会有效;但对于没有达到这种动机(准备度)水平的当事人来说,这种做法可能就不奏效了。所以,只有理解当事人、发展共识性的改变焦点以及唤出他们的改变动机,才可能逐渐培养出当事人做那些艰难改变所需的必要动机。我们在培训中还发现,很多从业者在跟当事人制订改变方案时,容易将重心放在给出建议上。这样做可能会导致当事人没有能力或者不会落实方案。而从业者以符合动机式访谈的方式与当事人合作性地制订改变方案将更有助于当事人成功地完成方案。鉴于篇幅所限,本章只是概述性地介绍了动机式访谈的四个过程,我们也推荐读者阅读米勒和罗尔尼克的书(Miller & Rollnick,2013),其中有对这四个过程更详细的阐述。

第二部分

应用动机式访谈处理临床挑战

第四章

较低的改变准备度

  很多专业助人者都会先默认进入助人关系的当事人已经准备好做出改变了。例如，一位戒烟领域的专业助人者在评估了当事人的吸烟行为后，立刻给出了不同的戒烟选项并请当事人选择。本例中的助人者就先入为主地默认了以下假设：当事人既然都来戒烟诊所了，那么他肯定已经准备好戒烟了。改变的跨理论模型及对应的改变的准备度阶段给出了一个很有价值的概念化框架，有助于我们理解那些改变准备度较低的当事人。如第二章所述，跨理论模型和动机式访谈差不多是同时发展起来的，而且二者可以互补。动机式访谈提供了一个理解"从业者-当事人沟通互动"以及这种互动会如何影响改变动机（准备度）的概念化框架，而跨理论模型则根据当事人所展现出的态度、行为以及意图对改变的准备度提供了五阶段的概念化理解。关于这五个阶段的描述，请见下面的"快速查阅"。

> **快速查阅**
>
> **改变准备度的五个阶段**
>
> ⬥ 前思考期：当事人觉察不到有任何改变的需要；不改变的好处超过了改变的好处；回避谈论改变
>
> ⬥ 思考期：当事人对改变的需要有了更多的觉察；认识到不改变的坏处；对改变存有顾虑
>
> ⬥ 准备期：有意做改变；改变的好处超过了维持现状的好处；更积极地参与，

> 并且会制订改变的方案
> ❖ 行动期：采取步骤落实改变
> ❖ 维持期：预防改变之后的反弹和复发

通常来说，改变准备度较低的当事人处在前思考期或思考期这两个阶段。换言之，这样的当事人并不是完全没有动机，而是往往没有意识到改变的必要性；或者是既想着改变的利弊，又想着不改变的利弊。此外，如果当事人没有充分地参与计划过程，那么他们的改变准备度可能也比较低。所以当事人有可能是很愿意、很期待改变的，但并不愿意执行别人给的方案。当事人的较低准备度可以有多种表现，包括缺席会谈、不依从治疗，以及表示不需要改变（例如，当事人来参加会谈只是出于强制或转介的要求）。令人欣慰的是，动机式访谈可以帮助从业者与这种改变准备度较低的当事人工作。我们列举了一些通常与"较低的改变准备度"有关的临床挑战，并示范了动机式访谈对于这些挑战的回应对策，供大家参考使用。

临床挑战1：缺席会谈

情况描述

有一种临床挑战是几乎在所有的助人领域或设置中都会遇到的，同时也是动机式访谈可以做工作来促进改变的，即当事人更改（通常很晚才通知从业者）或缺席已预约的会谈。有很多因素会造成这种失约（当事人可能会向从业者解释，也可能不会），比如需要照顾孩子、没想起来或者有突发事件。而无论是什么原因，缺席会谈无疑都会让从业者没有办法帮助当事人做出正向的改变。缺席会谈可能也会引发系统性问题，从而影响从业者所提供的助人服务的质量。例如，就像航空公司和旅店常用的安排一样，很多诊所为了抵消预期发生的取消预约和缺席会谈，也不得不采取"超额预订"的策略。但如果超额预订的当事人恰巧都来赴约了,该怎么办?让谁等待呢?通常,当事人需要等待1小时或更久,这种等待会滋生不耐烦与挫败感;而从业者和机构的工作人员也会忙着往前赶,其服务水准可能逊色于以往。因此,缺席会谈是一种务必处理的临床挑战。

当被问起为什么失约时,当事人会给出各种各样的理由。例如,德菲费等人(Defife,Conklin,Smith,& Poole,2010)发现,进行心理治疗的当事人会报告五花八门的失约理由,包括受症状影响、现实顾虑、动机问题以及不良的治疗副作用。在从业者听来,这些理由的合理性也不一样,有的理由更合乎情理(例如,"儿子学校给我打电话,说他发烧了,所以我得去接他"),有的理由可能比较夸张(例如,"我儿子养的捕鸟蛛从笼子里跑出来了,我找不到它就出不了门")。从业者在很多时候,尤其是在面对反复失约或更改时间的当事人时,不免会心中存疑:对方给出的这些理由是真的吗?失约是不是说明对方没有投入到跟我的工作之中?从业者可能会想:"这位当事人如果约的是理发,那他会不来吗?他也会忘记接女儿放学吗?他对社交活动也放鸽子吗?还是说,他就跟我这样?"

从业者对"当事人缺席"的不信任感和挫败感还可能因为他们难以理解"缺席者"的视角而被再次加剧。就拿我们的经验来说,我们失约或者临近时间才取消预约的情况本身就次数寥寥,用一只手就数得过来。但其实,针对"缺席者有关特征"的研究表明,缺席的当事人与相应助人领域中的动机式访谈从业者可能在诸多重要方面有所不同。例如,一项在丹麦社区心理健康中心进行的关于缺席者预测因素的研究显示,除了临床和职业方面的特征外,可预测缺席的因素是"年龄在25岁以下和受教育年限不超过9年"(Fenger,Mortensen,Poulsen,& Lau,2011)。虽然在研究报告中没有具体说明该中心的从业者信息,但大多数从业者的年龄很可能都在25岁以上,并且受教育年限达到或超过10年。以下是一个很典型的当事人缺席的例子。

> **个案**
>
> 在过去几年的年度体检中,玛丽和她的初级保健医生一直在讨论她的体重问题。在这段时间里,玛丽的体重从超重但总体健康,发展到患有代谢综合征的肥胖,再到患有2型糖尿病的严重肥胖。玛丽报告,她曾多次尝试减肥,但总是只能减掉几千克,并且很快又恢复体重。玛丽的医生认为,成功地减肥对玛丽的健康至关重要,因此将她转介给营养师进行营养咨询。玛丽两次更改了与营养师的初见时间,所以几乎是拖了3个月才从转介进行到初次会谈。在初次来访之后,虽然玛丽和营养师都同意每个月来访一次以监测进展并按需调整她的饮食,但在过去的6个月里,玛丽只来过一次。

参考对策1:符合动机式访谈的转介

最难解决的缺席问题可能是当事人连第一次预约都没有来。虽然缺席的原因有很多,但当事人缺席初次预约的一个确定的原因是"低动机"(Peeters & Bayer, 1999)。好消息是,结合了动机式访谈的转介过程可以提升初次会谈的出席率(Seal et al., 2012)。有多种方式可以让并非发生于动机式访谈中的转介也能更多地符合动机式访谈的风格,诸如征求许可(例如,"如果你觉得可以,我想给你推荐一位营养师,她会更好地支持和帮助你减肥"),强调当事人的个人掌控(例如,"我会去联系和推荐这位营养师给你,不过这一定取决于你自己——你来决定这样做是否对自己有帮助,是不是正确的选择"),或者提供选项(例如,"我认为咱们现在有三个选项:你可以继续尝试用朋友分享给你的一些提议来减肥;我可以给你推荐一位营养师,你可以跟她合作来调整自己的饮食;我们也可以在3个月后的随访会谈中再来看并谈这个话题")。以上这些方式都引入了一些合作与支持自主性的元素,但仅靠这些方式,并不能让转介完全充分地符合动机式访谈。

如第三章所述,在进行动机式访谈时,从业者会和当事人共同走过一系列过程,即导进、聚焦、唤出和计划。虽然并非全部过程都能循序渐进,逐步展开，但在很多重要的方面，每一个过程还是要有前一个过程打下的基础才能扎实展开。例如，如果当事人并未充分地参与（导进）沟通，那么双方也不太可能合作性地确定会谈的焦点。因为转介通常发生在动机式访谈会谈的计划阶段，所以要做出充分符合动机式访谈的转介，从业者就需要先导进当事人，合作性地确定会谈的焦点，唤出当事人自己的改变动机，然后才是合作性地制订改变的方案，也包括如何转介。

如果发起转介的从业者是以不符合动机式访谈的方式进行会谈的，导致当事人都不再联络了，那么接收转介的一方也无可奈何，所以这种符合动机式访谈的转介方式对于接收转介的从业者而言用处不大。因此，这种对策并不是要处理当事人从未现身的情况，而是要减少在从业者发起转介之后当事人并不出席的情况。

不符合 / 有些符合 / 符合动机式访谈转介的例子

下面呈现了从业者以不符合动机式访谈、有些符合动机式访谈以及符合动机式访谈的转介方式，向玛丽推荐营养师的例子。当事人的情况请见前文介绍。

当事人说："我一直在尝试减肥，但也就几千克而已，从来没有减掉过更多了，而且这点儿体重很快就长回来了。"

不符合动机式访谈："你需要约见我们的营养师。她可以帮你制订一个让你能坚持下来的饮食方案。今天会谈后，我会让护士打电话通知你转介的安排。"

这是不符合动机式访谈的转介，因为它缺乏合作性。从业者在告诉当事人该做什么，并且在没有理解当事人对减肥有没有兴趣、为什么有兴趣以及更喜欢以哪种方式进行减肥的情况下，就发起了转介。

有些符合动机式访谈："我的很多患者发现，当减肥陷入停滞时，与营养师见面非常有帮助。那么若给你推荐我们的营养师，你觉得会有帮助吗？"

这种转介方式是有些符合动机式访谈的，因为从业者首先承认了虽然营养师对其他人有帮助，但并不见得也对这位当事人有帮助。而且从业者也邀请了当事人对转介的好处表达不同意见。然而，这种转介方式并不充分符合动机式访谈，因为从业者并未先征询当事人对减肥的想法就直接给出了建议。

符合动机式访谈

导进："那种感觉肯定是挺挫败的。"（通过做反映来导进当事人。）

当事人回应："是啊。"

聚焦："在咱们结束会谈前，我确实需要跟你回看一下你的血糖变化，不过，如果咱们先拿出几分钟来谈一下你在体重管理上遇到的困难，你觉得怎么样？"（通过开放式问题来邀请玛丽对会谈聚焦。）

当事人回应："我觉得应该会很有帮助吧。我也知道这对我的健康很重要，而且假如我能减掉体重，也许我都可以逆转糖尿病了。我真的在尝试，只是我好像什么方案也坚持不下去。"

唤出："减肥确实是一项艰巨的工作。（通过支持性回应来继续导进。）那么除了可能有助于你管理甚至逆转糖尿病以外，我想知道，你还希望通过减肥收获哪些好处呢？"（通过开放式问题来唤出改变语句。）

当事人回应："我觉得假如我能减掉一些体重，那我对自己的感觉就会好一些了。我从来没有瘦过，我也不觉得我想变瘦，但我也没有这么胖过啊。估计孩子们现在也担心我，因为我太胖了，这让我感到很内疚。"

计划："所以听起来，使你想要减肥的原因有很多。那你觉得第一步可以先从哪里开始呢？"（通过开放式问题来引导当事人合作性地做计划。）

当事人回应："我觉得我是吃得太多了，尤其是当我感到压力很大时。我有时会点一份家庭套餐自己一个人吃。"

继续做计划："所以听起来，你认为在自己的饮食上做一些改变是重要的第一步。这里有一个选项，你可能感兴趣，也可能不感兴趣，就是我可以给你推荐一位营养师，她能帮你制订一个最适合你的饮食方案。你觉得呢？我想听听你的看法。"

这个回应是符合动机式访谈的,因为这种转介是以合作的方式发起的,而且从业者是在充分了解了当事人的偏好和动机之后才认为把当事人转介给营养师是一种对她有益的选择。此外,这个回应之所以符合动机式访谈,也是因为从业者为当事人提供了拒绝转介的机会,支持了她的自主性。

参考对策2:提供信息

解决失约问题时,最为基本但有时又非常重要的一种对策是提供准确及客观的信息。虽然提供信息并不是践行动机式访谈时的核心做法,但若以客观且导进的方式来进行,这种做法就是符合动机式访谈的(Lane & Rollnick, 2009)。有两方面信息可能对预防失约特别重要:(1)预约会谈的目的,尤其是跟当事人的目标有什么联系;(2)从业者管理预约的原则(例如,如何对待取消预约,对于失约的处罚,等等)。如果当事人不了解在会谈中会做些什么,或者不确定自己能从会谈中获得什么好处,那么他们可能不会认真对待会谈预约,或将它作为优先事项。特别是如果当事人是被其他从业者转介的、是被司法系统强制的,或者是在家人或朋友的强烈建议下才向现在这位从业者寻求服务的,就更会如此。不清楚预约管理原则的当事人可能不知道失约意味着什么,或者当他们需要取消预约时,正确的做法是什么。

不符合/有些符合/符合动机式访谈提供信息的例子

下面呈现了从业者以不符合动机式访谈、有些符合动机式访谈以及符合动机式访谈的方式向曾失约的当事人提供信息的例子。

从业者说:"我发现从咱们上次预约完到现在已经过去5个月了。"

当事人说:"上次约完我没能过来,因为当时我的脚又不舒服了,然后我就得再等1个月才能约得上。"

不符合动机式访谈:"是的。嗯,我们诊所的预约是很满的,所以你需要优先安排好来诊所的时间。而且如果你控制不好饮食,你的脚就有截肢的风险,我知道你不希望发生这种情况。"

这段话为当事人提供了一些关于预约管理原则和预约目的的信息,但呈现信息的方式并不客观,所以也是不符合动机式访谈的。从业者就失约问题责备了当事人(指责她没有优先安排这件事),然后又针对饮食控制面质了当事人(试图通过吓唬对方来提升会谈的出席率)。

有些符合动机式访谈:"嗯,有时会发生这种情况。咱们这个诊所的预约还是很满的。"

这段话是有些符合动机式访谈的。从业者提供了与当事人所讲内容有关的信息,并且是客观的表述。不过,从业者并未征求当事人的许可就直接提供了信息,从而错失了加强合作和提升当事人自主感的机会。更关键的一点可能是,从业者并未共情性地处理当事人对于得再等1个月才能约上的挫败感。所以从业者的这段回应可能忽视了当事人的体验。

符合动机式访谈:"如果你觉得可以,我想花点时间和你讨论一下这方面的困扰。(等待当事人的同意。)咱们这个诊所的预约很满,所以在接到新的预约电话后,通常要在几周甚至是1个月之后才能安排进行相应的会谈。错过预约可能会很麻烦,因为对确诊2型糖尿病的当事人来说,每个月的会谈都非常重要:需要通过调整饮食来控制血糖,从而降低出现并发症的风险,比如糖尿病足。你怎么看这些呢?我想听听你的看法。"

这个回应是符合动机式访谈的,因为从业者以客观的方式提供信息。从业者没有责备当事人失约,也没有通过呈现最坏的情况来吓唬当事人以使她定期来访。相反,从业者提供的信息有助于当事人判断和决定她想将定期来访安排在怎样的优先级上。而且,从业者会通过使用"困扰"和"麻烦"这些措辞,尝试表达对于当事人预约困难之感受的共情。最后,从业者还征询了当事人对于这些信息的反馈,从而增强合作性。

参考对策3：做计划

另一种符合动机式访谈的可用来处理失约问题的对策是做计划，特别是在失约情况频频发生时。如本章及第三章所述，做计划是从业者与当事人之间对于当事人如何达成目标的合作性的对话。而且只有在当事人已经参与进来了，谈话的焦点已经确定了，当事人关于改变的愿望、能力、理由和需要被唤出之后，才会转入做计划。对于那些已经表达了如约来访的决心，但在落实这种决心时可能有难处的当事人，聚焦于出席会谈来做计划可能会有助于他们克服现实或动机方面的阻碍，从而付诸行动，兑现承诺。

不符合／有些符合／符合动机式访谈做计划的例子

下面呈现了从业者以不符合动机式访谈、有些符合动机式访谈以及符合动机式访谈的方式与曾失约的当事人做计划的例子。

从业者说："我发现从咱们上次预约完到现在已经过去5个月了。"

当事人说："上次约完我没能过来，因为当时我的脚又不舒服了，然后我就得再等1个月才能约得上。"

不符合动机式访谈："我觉得咱们需要一个方案来帮助你更规律地来访。你有可以标注预约时间的日历或日程表吗？如果没有，也许你可以把预约卡贴在浴室镜子上或者冰箱上。就是你能看见的地方，能理解吧？我也在想，提醒电话是不是打给了最合适的号码？也许你应该留一个更方便的号码，这样就能确保联系得上你了。"

这个回应是不符合动机式访谈的，因为这不是在合作性地做计划。从业者没有先询问当事人为何难以出席会谈，以及提高出席率的最优方法是什么，而是直接预设了自己的专家角色，开始为当事人提供关于"如何更好地出席今后的预约会谈"的建议。这种做法可能会引出当事人的持续语句及不和谐，因为从业者的回应已经将当事人推向了为自己辩护的选择——当事人会讲述失约的理由，或者从业者的建议如何不可行和不管用。

有些符合动机式访谈："你希望咱们一起制订一些对策，来防止这类情况再次发生吗？"

这个回应是有些符合动机式访谈的。从业者以合作的方式邀请当事人共同制订方案，以减少失约情况的发生。但从业者使用的是封闭式问题，所以只是邀请了当事人给出简短的回应。另外，从业者没有反映或唤出当事人对于更多地出席后续会谈的愿望、能力、理由或需要语句，就直接跳到了做计划上。

符合动机式访谈："所以过来参加会谈好像对你来说是有些困难的。我在想，在讨论你的饮食之前，咱们是否可以先来聊聊这块儿呢？（等待当事人的同意。）考虑到你一直在重新预约，我感觉你是想让自己更好地参加后续会谈的。如果你觉得可以，也许咱们可以一起看看如何实现这一点。"

这个回应是符合动机式访谈的，因为从业者运用了反映性倾听，并且先征求了当事人的许可，然后才开始探讨改变的方案。该回应符合动机式访谈之处还在于，从业者通过反映当事人的改变愿望进行导进，使她参与到了合作性地制订改变方案的过程之中。

虽然并非必需，但在做计划时，从业者往往会准备一个可以落笔于纸面的改变计划表（Miller & Rollnick，2002）。表4.1给出了一个改变计划表的例子，展示了从业者如何制订专门处理"失约"问题的书面方案。虽然很多从业者不喜欢使用书面形式的改变方案，但我们多年来从当事人那里获得的反馈是：书面形式的改变方案可以很好地帮助他们想起与从业者讨论过的关键内容。

表4.1　针对失约的改变计划表示例

我想参加后续会谈的原因是：
- 定期参加之后的会谈可以让我更好地管理饮食
- 如果我来参加之后的会谈，我就更有可能成功地减肥

对于参加后续会谈，我希望做到的目标是：
- 定期、按时参加后面的全部会谈

可能阻碍我参加后续会谈的困难有：
- 告诉你①我都吃了什么，这让我难为情
- 我可能没有动力走出家门，来这里参加会谈

我会采取哪些行动，来克服这些阻碍我参加会谈的困难：
- 我会提醒自己，即便我没能遵守食谱，如约来访也是一件很重要的事，而且我应该为自己骄傲——至少我在努力，我正在做重要的事！
- 我会把预约安排在我也有其他事情需要出门的日子，这样无论如何我都得走出家门
- 我会把我来参加会谈的重要原因都列在一张表上，并且把它贴在浴室的镜子上

你和其他人可以这样来帮助我更好地参加后续会谈：
- 你可以提醒我，即使我在饮食上做得不好，我也可以来参加会谈，完全没关系
- 我姐姐可以帮助我，如果我跟她说不想来了，她会帮我面对责任，她会提醒我

如果这个方案起不到作用：
- 那我也会提醒自己，你是不会怪我的，而且你会跟我一起探讨和尝试怎么解决问题，怎么来参加会谈
- 我会再列一张表，写上为什么我要继续尝试，继续坚持，为什么这对我很重要

参考对策4：强调自主性

如第二章所述，尊重当事人的自主性是动机式访谈基本精神中的一部分。所以当事人的失约对于从业者来说也是一个重要的提醒——当事人会自己拿主意的这种自主性就是发生在助人行业中的客观现实。

从业者可以发起转介，安排会谈的时间，甚至打电话进行提醒；但最终还是当事人自己决定要不要来参加这些被推荐或者被要求的会谈。明确、清晰

---

① "你"指从业者。——译者注

地强调当事人的自主性是一种符合动机式访谈的对策，有助于减少失约的发生，特别是对于在一定的外部压力下被强制来访的当事人来说。

不符合/有些符合/符合动机式访谈强调自主性的例子

下面呈现了从业者以不符合动机式访谈、有些符合动机式访谈以及符合动机式访谈的方式向曾失约的当事人强调自主性的例子。

从业者说："我发现从咱们上次预约完到现在已经过去5个月了。"

当事人说："上次约完我没能过来，因为当时我的脚又不舒服了，然后我就得再等1个月才能约得上。"

不符合动机式访谈："你需要决定这是不是你决心要做的事！"

这个回应是不符合动机式访谈的，因为从业者在直接给当事人下达命令。同时，感叹号所代表的语气不但体现了从业者缺乏共情和无条件的积极关注，而且在表达对当事人的恼怒。

有些符合动机式访谈："你自己才是那个有权做决定的人，看你想不想下定决心落实每个月的会谈。"

这个回应是有些符合动机式访谈的。从业者强调了当事人可以掌控是否继续与从业者合作，这是符合动机式访谈的。但从业者使用了"想不想"这种措辞，似乎隐约传达了从业者认为从根本上导致当事人缺席会谈的原因就是当事人的动机，而不是脚的问题或者很难预约。所以当事人可能会感觉这些话是在责备或质疑自己，而不是在给自己赋权。从业者同样没有对当事人的挫败感或脚部疼痛表达共情。这可能会让当事人觉得从业者并不真正关心自己这个人，而是只在乎自己来不来参加会谈。

符合动机式访谈："我知道，你有时候需要付出很大的努力才能过来参加会谈，同时这最终还是要由你自己来决定能否下决心做到每月过来参加一次会谈。"

这个回应是符合动机式访谈的,因为从业者首先对当事人遭遇的来访困难提供了支持,然后也没有用挖苦或恐吓的语气提醒当事人要由她自己来最终决定是否定期参加会谈。从业者使用这种符合动机式访谈的对策并不能保证当事人一定会按约定来参加会谈——或许当事人的决定是目前还不想每月会见一次营养师。虽然这可能不是营养师眼中最理想的结果,但这也算不上坏结果。因为如果玛丽真的还没有准备好落实每个月与营养师的会谈,那么她能和营养师开诚布公地讲出这些反而会更好。这样就留出了余地与机会,等玛丽准备好了,她就可以再回来与营养师会谈了。

临床挑战2:不依从

情况描述

很多从业者之所以对动机式访谈感兴趣,是因为这种取向或风格有助于处理当事人不依从的问题。基于动机式访谈文献的用词习惯,我们在此处也选择使用"依从(adherence)"而非"遵从(compliance)"这样的措辞(Zweben & Zuckoff, 2002)。大家可能还记得,第一章曾提到有研究表明,动机式访谈可以促进当事人参与治疗和依从治疗(Lundhal et al., 2010)。"依从"通常是指当事人对于从业者指导或建议的听从程度(Levensky & O'Donohue, 2006)。不依从是从业者经常面对的问题,尤其是当事人受到了某种形式的要求而不得不做改变时。很多医学上的治疗,包括服药或做手术,也需要某种形式的行为改变,如遵医嘱服药或加强体育锻炼。我们在培训中了解到,很多学员经常抱怨当事人对于治疗的不依从,备感挫败,因为对治疗的依从是和正向疗效相联系的(Bisono, Manuel, & Forcehimes, 2006)。进一步探索发现,与这种挫败感相关的是从业者会以如下方式概念化不依从的当事人:他们没有动机,他们在否认,而且他们缺乏足够的知识和技巧,或者单纯地对自己的健康或处境不管不顾。很明显,如果我们以这种概念化的方式来看待当事人的不依从，那么肯定会更加挫败，而且会影响我们回应当事人的方式。所以在很多时候，这样概念化当事人的不依从会引发"翻正反射"（见第二章），导致从业者教育、警告、训诫当事人，甚至是斥责他们，旨在说服当事人遵照并依从从业者给出的建议。但这类做法基本上都不符合动机式访谈对于不依从的回应方式。

当事人表达不依从的形式有几种，而在动机式访谈看来，这些形式的不依从都体现了从业者与当事人的节奏是不一致的。实际上，列文斯基和奥多诺休（Levensky & O'Donohue, 2006）就认为，当事人和从业者之间的沟通、信任以及双方对问题的相互概念化都会影响当事人的不依从行为。有些当事人之所以被归为不依从，只是基于迟到或失约（请见本章"临床挑战1：缺席会谈"一节）。这种形式的不依从常见于因为别人的建议（而不是自己的主动选择）来治疗的当事人。当事人觉得自己在治疗中好像也没什么要讲的，所以会出现不依从。

> **个案**
>
> 谢莉娅是一名20岁的大学生，校医疗服务部建议她约见一位同辈健康教员，并学习如何采取更安全的性行为。谢莉娅一走进会谈室，就向同辈健康教员表示，肯定是医疗服务部的工作人员反应过度了，自己就是一名普通的大学生，自己的性行为跟朋友们的一样，并没有什么不同。尽管如此，谢莉娅还是同意来参加会谈。但自从这之后，谢莉娅只是零星地露个面，而不是规律地来访，有时甚至连续好几周都不来参加会谈。即便来了，她也会迟到十来分钟；而且对于缺席或迟到，她总有自己的理由。当从业者直接询问谢莉娅的想法时，她表示自己确实有意参加会谈，因为有人建议她来，但她做的跟说的并不一样。

有时候，当事人甚至不来参加（别人推荐的）治疗，或者很快就脱落了。这种形式的不依从可能常见于健康相关服务或行为健康领域，即当医疗人员转介当事人去接受传统医学治疗之外的干预时。不过，当事人可能不太相信非医学性质的治疗，或者会质疑这种转介背后的居心与动机。作为在医疗领域中工作的心理师，我们常会遇到一些当事人，他们感觉被从业者忽视了，也觉得从业者未曾尝试去理解他们，因为这些从业者转介他们过来见心理师是为了解决医学上的问题——"医生认为这都是我脑子里的问题"。当事人的这种心态可能会妨碍他们参与或投入治疗。此外，财务、现实安排以及其他方面的一些困难也可能会影响当事人参加会谈的能力。

> **个案**
>
> 　　卡尔是一名退伍军人，医生助理建议他去看心理师，以帮助他解决长期的睡眠困难。在见面交流之前，卡尔就表示自己并不相信与"心理医生（shrink）"谈话能对睡眠有什么帮助，他说自己还是需要安眠药。然而，卡尔的睡眠困难明显与他在军队中经历过的创伤有关。在心理师反馈了这种概念化并推荐了一种治疗方案之后，卡尔否认自己的军旅生涯发生过什么问题。卡尔也没有再回来进行治疗。

还有的时候，当事人可能也会按时、如约地来参加所有的会谈，但是他们对双方讨论过的关于会谈外活动（如"家庭作业"或"按医嘱服药"）的方案不予执行。这种形式的不依从会让很多从业者大为不解，因为从业者的预设是：如果当事人"推开门走进来了"，他们就已经准备好采取必要的行动来改变了。不过，当涉及行为改变时，情况往往就不是这样了，而且作为遵循动机式访谈风格的从业者，我们也需要觉察并认识到矛盾心态在其中的作用。

> **个案**
>
> 　　乔迪是一位47岁的女性，她因社交焦虑而接受心理治疗。她也在看精神科医生，以管理用药。乔迪表达的治疗目标是想要减少焦虑，以及能够不紧张地参加更多社交活动。她报告自己服药不规律，原因是担心成瘾，尽管她服用的

> 药物其实并没有致瘾性。她表示自己愿意采取一切必要的措施来减轻焦虑以及增加社交；所以她同意采用含有暴露和技巧练习的治疗方案。然而，乔迪在治疗中的行为模式是：不做会谈外的自我监测、暴露以及技巧练习（有关处理焦虑相关不依从的具体内容，请见第六章）。

无论是哪种形式的不依从，动机式访谈认为它们都体现出了从业者与当事人双方不在一个频道上；对于改变什么和/或如何改变，双方并未达成共识（Bisono et al., 2006）。

参考对策1：唤出式问题

对于不依从使用相应的唤出式问题，可以帮助从业者规避"翻正反射"。唤出式问题还可以帮助从业者采用和落实以下取向：真心实意地试图理解当事人对于改变和不改变各有怎样的关切或顾虑，当事人自己的改变动机（而非源自转介的需求）可能是什么，以及哪些方案可能更合适。这就是第二章介绍的动机式访谈四项原则中的"理解"（RULE中的U）——理解当事人的动机。因为只有当事人自己的动机才更有可能预测他们参与治疗和依从治疗的情况。所以从业者务必引导当事人自己讲出这些内容，尤其是在试图导进对方参与治疗时。

不符合/有些符合/符合动机式访谈唤出的例子

下面呈现了从业者以不符合动机式访谈、有些符合动机式访谈以及符合动机式访谈的方式对不依从的当事人进行唤出的例子。

当事人说："我觉得我还是得靠吃药解决睡眠问题。无意冒犯，但我不会经常来，因为我认为在这儿聊我的睡眠不会有什么帮助。"

不符合动机式访谈："你真以为只有药物才有助于睡眠吗？"

这个提问之所以是不符合动机式访谈的,有几点原因。第一,这是一个封闭式问题,可能无法促进当事人开放性地讨论此话题。第二,所用的"你真以为……"这种表达可能会被当事人体验为评判和面质,从而引发不和谐。

有些符合动机式访谈:"你怎么就觉得心理治疗会没有帮助呢?"

这个提问是有些符合动机式访谈的。这是一个开放式问题,在邀请当事人分享自己的观点。但"你怎么就觉得……"这种提问方式在向当事人暗示"你应该认为心理治疗是有帮助的",所以可能会引发不和谐——当事人感觉有必要捍卫自己的立场,需要跟从业者辩个明白。这样提问还可能唤出当事人的持续语句(关于不做这种治疗的理由),而不会唤出关于怎么做会有帮助的思考与分享。

符合动机式访谈:"你想要解决自己的睡眠问题,而对你来说,药物似乎是最佳选择。如果你觉得可以,我也想听你讲讲你的看法——你觉得医生推荐你来找我的原因是什么?"

这段话之所以是符合动机式访谈的,有几点原因。第一,从业者通过反映体现了自己在倾听当事人,并且表达了对当事人经验的理解。第二,从业者没有立刻跳到心理教育上,而是通过一个唤出式问题来邀请当事人表达自己对于医生为何转介他的理解。这种做法可以帮助从业者规避"翻正反射"(例如,"行为上的改变也有助于睡眠"),并促使当事人参与讨论。

参考对策2:量尺问句

可以和唤出式问题进行搭配的一种对策是询问量尺问句,它们有时也被称为重要尺和信心尺。在动机式访谈中,这些问题可以帮助从业者评估:当事人之所以不愿做改变,是否源于他们对于改变的重要性或信心的主观认识(Miller & Rollnick, 2013)。例如,从业者可以询问:"如果用一把刻度是1—10(1表示完全不重要,10表示极为重要)的尺子进行测量,那么去做这个改变对你而言有多重要呢?"并不是只有动机式访谈才会使用量尺问句,但跟在这些尺子/问句后面的有方向的提问就是动机式访谈的独特之处了。在动机式访谈中,后续的提问是"为什么选择了更高的而不是更低的分数",从而有意地引出当事人关于改变为何重要的理由,或者相信自己有能力做改变的原因。

不符合/有些符合/符合动机式访谈量尺问句的例子

下面呈现了从业者以不符合动机式访谈、有些符合动机式访谈以及符合动机式访谈的方式对不依从的当事人运用量尺问句的例子。

当事人说:"我觉得我还是得靠吃药解决睡眠问题。无意冒犯,但我不会经常来,因为我认为在这儿聊我的睡眠不会有什么帮助。"

不符合动机式访谈: "如果用一把刻度是1—10(1表示完全不重要,10表示极为重要)的尺子进行测量,那么来参加这种会谈对你而言有多重要呢?"

这绝对是一个量尺问句,但出于两点原因,它是不符合动机式访谈的。第一,如此使用量尺问句,特别是在当事人已经发生了会谈失约的背景下,可能会导致当事人的防御,加剧不和谐。第二,这个量尺问句并未聚焦于核心的改变(改善睡眠,缓解创伤症状),而是更多地关注了会谈的重要性。所以,这个提问没有提供机会去探索当事人对改变的犹豫或者对于改变重要性的认识。

有些符合动机式访谈: "如果用一把刻度是1—10(1表示完全不重要,10表示极为重要)的尺子进行测量,那么你认为这种治疗相对于药物的重要性如何?"

这个量尺问句是有些符合动机式访谈的。从业者运用这个量尺问句来更好地理解当事人对心理治疗的感受。这个问句也在向当事人表达,从业者在认真对待他对于心理治疗的顾虑。但这个问句的措辞方式可能会使后续的讨论偏离帮助当事人改善睡眠这一方向。所以这句话是共情及合作性的，但恐怕没有创造机会引导当事人朝着正向的改变发展。

符合动机式访谈："在生活中，你有很多事情要忙。同时，你今天仍然挤出了时间过来探讨和处理自己关心的问题。如果我可以问一下，那么在一把刻度是1—10（1表示完全不重要，10表示极为重要）的尺子上，你觉得'为了自己的睡眠做改变'会在哪个位置呢？（当事人说：'大概是4吧。'）嗯，大概在尺子的中间区域。为什么你给出的是4，而不是2呢？"

这段话之所以是符合动机式访谈的，有几点原因。第一，从业者考虑了当事人虽然很忙碌，但依然前来了，从而将本次出席重构为正向的行动，对当事人做出了肯定。第二，从业者聚焦的是改变，而不是不依从的行为。从业者通过量尺问句关注改变的重要性，可以更好、更全面地理解这一改变在当事人生活中的意义以及与其他事物之间的关系。第三，后续的提问可以引导当事人探讨这个改变为什么可能有一定的重要性，这是更有可能提升当事人动机的做法。

参考对策3：展望未来

有时候，当事人意识不到不依从治疗可能会对自己之后的情况产生什么影响。因为人们在看自己的未来时，视野通常会受限，所以看不清改变或不改变的后果（Wagner & Ingersol, 2013）。例如，医疗设置下的一位当事人可能"感觉良好"，但其实已经处于血压升高的状态了。当事人因为感觉良好，所以可能认为不需要通过饮食和运动来降血压。但如果不做这些调整，那么他的血压状况恐怕会每况愈下。所以，一种符合动机式访谈的、能促使当事人依从的对策有助于当事人思考自己目前的情况，以及不依从可能会对未来的生活造成怎样的影响。在动机式访谈中，这种方法或对策被称为"展望未来"。

不符合 / 有些符合 / 符合动机式访谈展望未来的例子

下面呈现了从业者以不符合动机式访谈、有些符合动机式访谈以及符合动机式访谈的方式与不依从的当事人展望未来的例子。

当事人说:"我觉得我还是得靠吃药解决睡眠问题。无意冒犯,但我不会经常来,因为我认为在这儿聊我的睡眠不会有什么帮助。"

不符合动机式访谈:"是的,药物可以起到作用。但如果咱们来展望一下,假如你不改变跟睡眠有关的想法和行为,你的睡眠可能会每况愈下,也会让你更容易出现其他问题!"

从业者提供了准确的信息,说明了睡眠困难的发展以及不改善睡眠会导致对其他问题的易感性。但这段话是不符合动机式访谈的,因为从业者预设了专家角色,并在未经许可的情况下提供了信息。而且,从业者直接给当事人勾勒了未来的景象,而不是引出当事人自己的展望。这种做法可能会降低当事人的参与性,还可能会引出持续语句。

有些符合动机式访谈:"我有一个不同的视角,可以跟你分享一下吗?(等待当事人的同意。)我做这方面的工作已经很多年了,一般来讲,如果人们只依靠药物而不解决导致睡眠困难的其他问题,那么他们的睡眠问题还是会存在。"

这个回应是有些符合动机式访谈的。从业者先征求了许可,然后才提供了专业意见。但从业者是在用这些信息灌输治疗动机,而不是引出当事人自己的思考——如果除了服药调节睡眠以外,不做任何其他治疗,那么情况会如何?

符合动机式访谈:"你在想,既然药物有助于睡眠,那么为什么其他方面的改变还是必要的。我想知道咱们是否可以花上1分钟时间,展望一下今后的5年——假设你决定不做这些跟睡眠有关的改变，那么你的健康情况可能会如何？（当事人回答。）假如你决定在睡眠行为上做出一些改变，那么你的健康情况又会有怎样的不同呢？"

这段话之所以是符合动机式访谈的，有几点原因。第一，从业者反映了当事人对于改变的关注和顾虑。第二，从业者就展望未来征求了当事人的许可。第三，从业者继续询问了两个唤出式问题。这种做法更具导进性与合作性。从业者并没有先入为主地预设当事人会改变，也规避了专家陷阱。

参考对策4：修订改变方案，讨论不同的方法选项

通常来说，一个人如果觉得自己对于改变几乎没有选择时，就不太愿意依从治疗了；也就是说，这个人会通过不依从治疗方案来捍卫和重申自己的独立性。社会心理学中有一个理论可以解释这种现象。根据布雷姆（Brehm，1981）的看法，当个体感觉到他们的自由被剥夺时，就会有一种天然的抗拒倾向（或重申自己的独立性）。换言之，我们会本能地反对别人所告知的"你要如何"。而在当事人身上体现这一点的终极方式就是不依从改变的方案。我们在培训中发现，当训练从业者以更符合动机式访谈的方式制订改变方案时，他们实际达到的符合动机式访谈的程度远不及他们自认为的水平。很多从业者会先给出一个改变方案，然后接着询问类似的问题："你觉得这个方案可以吗？"有些从业者会错误地认为，问了这个问题就能让整个计划过程都符合动机式访谈了。这种做法似乎根植于以下信念：一旦当事人表示准备好去改变了，从业者（作为专家）就有责任告诉对方要怎么做。而避免当事人抗拒或不依从治疗的一种方式是导进当事人参与到计划过程中。例如，从业者可以和当事人讨论不同的改变选项，引导当事人选择可能最适合自己的。因为我们在本章已经探讨过符合动机式访谈的计划过程了（见"临床挑战1：缺席会谈"一节），所以下面将聚焦于计划过程中的"讨论选项"。

不符合 / 有些符合 / 符合动机式访谈讨论选项的例子

下面呈现了从业者以不符合动机式访谈、有些符合动机式访谈以及符合动机式访谈的方式与不依从的当事人讨论选项的例子。

当事人说:"我觉得我还是得靠吃药解决睡眠问题。无意冒犯,但我不会经常来,因为我认为在这儿聊我的睡眠不会有什么帮助。"

不符合动机式访谈:"对很多人来说,药物可以起帮助作用,但效果有限。对于有你这样症状的人来说,药物和认知行为疗法相结合往往才是最有效的!"

这段话提供了准确的信息,但并不符合动机式访谈。从业者明显在以专家的角色来评述药物和认知行为干预对于睡眠的疗效。同样,从业者提供信息的方式并不充分地符合动机式访谈,他没有征求许可就给出了信息。这段话对于当事人也具有挑战性,因为过早聚焦于问题了,而且给出了解决方案。所以这段话的各部分都可能引发当事人的持续语句,并造成当事人与从业者之间的不和谐。

有些符合动机式访谈:"我想咱们是有几个选项的。你可以继续定期来看我,看看情况如何。你可以尝试我推荐的一些方法——但不必是全部。或者,你也可以先暂停这个治疗,之后如果你改变主意了,就再回来。你觉得哪个最适合自己呢?"

这个回应是有些符合动机式访谈的。从业者给当事人提供了不同选项,并邀请对方选择哪个可能最适合自己。但从业者并未先征求许可就直接给出了选项,也没有更开放地询问当事人对于最适合的方案的不同意见或看法。所以,虽然从业者在讨论选项和修订改变方案时具有一定程度的合作性,但这种努力浅尝辄止,并不彻底。

符合动机式访谈："对你来说，药物似乎是一个可行的选择，你也不太确定跟我一起探讨睡眠方面的行为是否能给自己带来更多的帮助。同时，医生推荐你来见我，这似乎表明她认为咱们的合作会有帮助。如果你觉得可以，我想咱们也可以讨论一下其他有类似情况的当事人的选择，看看他们用来改善睡眠的一些选择。我也知道，这些选项可能适合你，也可能不适合你，也许你还有一些不同的提议。"

从业者的这段话之所以是符合动机式访谈的，有几点原因。第一，从业者先通过反映体现了自己在倾听当事人并表达共情。第二，从业者先征求了当事人的许可，然后才转入讨论选项。第三，从业者是基于在类似情况下的其他当事人会如何改善睡眠的角度来提供选项的，而不是根据专业意见或研究资料来给出选项的。第四，也是下面即将讨论的，从业者强调了由当事人来掌控哪个选项才是最适合自己的。

参考对策5：强调当事人的个人掌控

在上个对策中，我们谈到了在回应当事人的不依从时提供和讨论选项的重要性，那么与之有关的一个对策就是强调当事人的个人掌控——他可以选择他认为最适合自己的。米勒和罗尔尼克（Miller & Rollnick, 2013）特别提醒了一个事实，那就是从业者其实真的没有办法让当事人做他们不想做的事。而当事人对于治疗方案的不依从已经说明这一点了。他们的这种观点也与心理抗拒理论有关。所以处理方式之一就是提醒当事人：能做出改变选择的人最终还是他们自己，而不是别人；即便当事人是被强制、被要求改变的，也是一样。

不符合 / 有些符合 / 符合动机式访谈强调当事人的个人掌控的例子

下面呈现了从业者以不符合动机式访谈、有些符合动机式访谈以及符合动机式访谈的方式向不依从的当事人强调其个人掌控的例子。

当事人说："我觉得我还是得靠吃药解决睡眠问题。无意冒犯，但我不会经常来，因为我认为在这儿聊我的睡眠不会有什么帮助。"

不符合动机式访谈："对于来不来这儿，你可以自己做选择，不过我觉得，要是你不接受医生建议的心理治疗，他会不高兴的。"

从业者确实先强调了一下当事人的个人掌控；但这段话也暗含着某种警告，即从业者会因为当事人的不依从而向其医生告状，到时，当事人恐怕就得吃不了兜着走。所以从本质上讲，在加入了这种警告之后，从业者表达给当事人的其实是"现在的情况你没得选择"。这段话可能会加剧当事人的持续语句，或使他们试图说服从业者相信"医生不会不高兴"。这段话还可能引发当事人与从业者之间的不和谐，因为当事人可能感觉受到了威胁，也觉得从业者已经站在了医生那边。

有些符合动机式访谈："嗯，其实这真的取决于你。如果你不想来，没有人能强迫你来参加这些会谈。"

这个回应是有些符合动机式访谈的。从业者强调了当事人的个人掌控，这是符合动机式访谈的。但从业者并未对当事人表达共情，也没有鼓励当事人基于更全面的考虑进一步探索终止治疗是否就是最优选择。这可能会给当事人留下一种印象：从业者并不是真的关心当事人的睡眠改善，只在乎如何填满自己的工作时段，以免有人不来参加会谈。

符合动机式访谈："你之所以来这里，只是因为医生的推荐，你其实觉得心理治疗对于睡眠的帮助不大。任何你决定要做的或者不要做的改变，也包括要不要来这里治疗，都完全取决于你自己，我是不能强迫你做任何事情的。同时，我也想听听你怎么看这一点：为什么医生觉得治疗可能会对你有帮助呢？"

这段话之所以是符合动机式访谈的，有几点原因。第一，从业者共情了当事人对于被医生转介的挫败感，从而避免选边站。第二，从业者强调了当事人的个人掌控,可以选择做或不做任何改变。第三,从业者邀请当事人分享他对于医生为何转介他做心理治疗的思考。这段话蕴含着动机式访谈的精神,体现了接纳、合作与唤出。这段话也更有可能导进当事人,减少持续语句及不和谐,也有助于当事人以更开放的心态对待之后的建议。

临床挑战3:涉及司法议题的当事人

情况描述

如果当事人涉及司法议题,那么当事人和从业者之间的沟通互动可能会特别困难。所谓的"涉及司法议题"可能有很多种形式,每一种又都会带来独特的临床挑战。由法庭强制的、转介的,或者是为了给法官留下好印象才经律师建议在开庭之前过来求助的当事人,在进入治疗时可能都还处于改变的前思考期(Thombs & Osborn, 2013)。也就是说,这些当事人可能认识不到任何改变的理由,而且认为参加会谈只是为了在法律上对自己有利。这类当事人在缓刑/假释系统、药物滥用治疗、家庭暴力治疗以及类似的设置中最为常见。

个案

在虐待儿童的指控得到证实后,简被判缓刑,并且被转介参加一个高强度的父母训练及愤怒管理项目。孩子的监护权已暂时授予了她前夫的父母。简被告知,只有顺利完成为期12周的项目并同时满足其他缓刑条件,她才能重新拿回孩子的监护权。简还被告知,如果没有完成这个为期12周的项目,她可能还会受到其他法律处罚。简认为,严格的体罚是培养有责任感的、品行端正的孩子的必要环节。简憎恶她那个"矫揉造作、自由散漫"的邻居,而且断定就是这位邻居向儿童福利署举报了自己。在这个项目的初接会谈中,简矜持且沉默,她的主要关注点似乎在于该项目会向法庭和缓刑管理处报告什么,以及要给出有利于她的报告需要什么条件。

另一些涉及司法议题的当事人并不是因司法系统转介或强制才来的，但从业者与这类当事人沟通时，仍然会遭遇严重的临床挑战。涉及未决诉讼，或者认为将来可能或很可能（无论是否属实）涉及法律问题的当事人，也许都会以特定的角度呈现自己，从而服务于自己的司法目标，比如，取得有利于自己的司法和解，或规避诚实地披露可能给自己造成的负面后果——如更严厉的判决或失去孩子的监护权。

> **个案**
>
> 　　鲍勃深深陷入了一场典型的"离婚风暴"。他寻求咨询是想帮助自己应对压力，并解决自他跟太太分居后就出现的焦虑和抑郁症状。鲍勃也希望通过心理治疗帮自己控制脾气，他认为就是因为自己控制不住脾气才导致了婚姻问题。但鲍勃又不太情愿跟治疗师披露这方面的内容，因为他担心在离婚诉讼中，自己的治疗记录会被法庭传唤。鲍勃害怕承认有愤怒管理的问题，这可能会在离婚诉讼中对自己不利。

参考对策1：提供信息

　　在与涉及司法议题的当事人进行动机式访谈的会谈期间，有一个因素可能会无端地增加不和谐，并减少当事人的坦诚披露，即当事人一方不清楚从业者是否对司法系统效忠或者对该系统履行怎样的义务。还需注意的是，即使是没有涉及司法议题的当事人，可能也会有这种顾虑。例如，于一场车祸事故之后在急诊室接受治疗的人，在被问及出事前是否吸食过药物或是否喝过酒时，如果认为这些信息会被报告或可能会被报告给警方，就会变得防御或焦虑。所以，处理这种挑战有一个非常简单且符合动机式访谈的对策，即提供信息。

　　在与涉及司法议题（或觉得自己可能牵涉法律）的当事人开始交流时，从业者务必清晰地、毫不含糊地告知对方自己在司法体系中的角色是什么。正如第三章所述，符合动机式访谈的方式是将信息以一种客观的形式呈现给当事人。虽然这并非必要的技巧（Moyers，Martin，Manuel，& Ernst，2010），但从业者在提供信息前先征求许可，不但更符合动机式访谈，而且通常会有所帮助。在缓刑、假释或类似的设置中，从业者应充分披露在自己与当事人之间存在双重角色。其中的一个角色是，从业者作为刑事司法系统的代表，会对当事人完成缓刑或假释条款的进程（也包括违反的情况）进行汇报。另一个角色是，从业者作为当事人权益的代理人，会努力帮助当事人达成他们的重要目标（Walters，Clark，Gingerich，& Meltzer，2007）。正如沃尔特斯（Walters）及其同事指出的，双重关系可能会降低某些当事人披露特定信息的意愿，因为他们害怕受到制裁。不过，从业者愿意主动地、充分地提供有关双重关系的信息，这高度切合了动机式访谈的基本精神，即重视合作并支持当事人的自主性（见第二章）。而且，根据我们的经验，从业者提供这类信息可能会降低当事人披露其过往或当下行为的特定细节的意愿，但这种做法会增加当事人对从业者的信任，从而更有可能提升当事人整体的、全面的自我表露。

对于不在司法系统工作的从业者来说，他们提供的服务可能只是与司法系统有交叉（例如，在社区中治疗酒精使用问题的从业者会与因醉酒驾驶而被定罪、被转介的当事人合作），所以这些从业者应该明确地告知当事人，自己并不在司法系统中工作。此外，从业者还应该明确告知当事人，司法系统是否会要求自己提供信息以及提供什么信息（例如，治疗的出席情况、完成情况、进程和诊断等），以考虑当事人参加治疗的情况，从而决定对当事人的司法处置。如果从业者与司法系统之间有关联，那么可以在伦理上明确要求从业者必须予以披露。而对于从业者披露自己与司法系统之间没有关联，这方面的伦理要求并不是很明确。不过，提供"这二者之间无关联"的信息有助于减少不和谐，或促进当事人的坦诚表达，特别是在某些场合或设置下，当事人可能以为从业者与司法系统之间是有关系的。

不符合 / 有些符合 / 符合动机式访谈提供信息的例子

下面呈现了从业者以不符合动机式访谈、有些符合动机式访谈以及符合动机式访谈的方式向涉及司法议题的当事人提供信息的例子。

当事人说:"我已经有一个多月没抽大麻了。我哪知道药检结果为什么是阳性啊。"

不符合动机式访谈:"吸食大麻是明确违反缓刑规定的。你需要严肃对待这个治疗,也不要再跟我们说谎了。我准备向你的缓刑监督官汇报此事,希望他撤销你的缓刑!"

这段话向当事人提供了关于从业者与司法系统关系的信息,但它是不符合动机式访谈的。因为从业者并没有以客观的形式呈现信息。很明显,从业者在通过这些信息来建立自己的个人威慑力(非合作性);而且从业者也认为当事人没有实话实说,并就此面质了当事人。

有些符合动机式访谈:"在我们继续讨论之前,我觉得我必须告诉你,我有义务将此事汇报给你的缓刑监督官。"

这段话是有些符合动机式访谈的。从业者以客观的方式提供了信息。"我觉得我必须"这样的措辞表达了从业者很重视当事人对缓刑流程的充分知情权。因此,这样的措辞隐约地支持了当事人的自主性。但从业者没有对当事人目前的处境表达共情,也没有对当事人的自主性做出更明确、更清晰的支持。

符合动机式访谈:"我能想到,这样意料之外的结果是挺令人扫兴的,我也想与你讨论发生这种情况的原因。在这之前,让我们先查看一下这种情况对于你的法律地位①意味着什么。你觉得可以吗？（等待当事人的同意。）除了需要汇报你的出席情况之外，缓刑监督官还要求我们汇报你的治疗进展，包括尿检结果。"

这个回应是符合动机式访谈的，因为从业者以客观的方式提供了信息。从业者先征求许可，再给出信息，从而支持了当事人的自主性并且增进了合作感。从业者还推测并反映了当事人对于药检呈阳性的情绪体验，体现了对此的共情。

参考对策2：强调自主性

如第二章所述，在动机式访谈的基本精神——"接纳"——中，有一个关键的要素，即尊重当事人的自主性。无论从业者希望或想要当事人做什么，最终决定怎么做的那个人都是当事人自己。相信改变是可能的并且有主导感（sense of agency）的当事人，在生活中更有可能成功地做到正向的改变（Bandura，2004）。很多涉及司法议题的当事人实际上已经对生活中的某个或某些方面失去了掌控。但即便如此，从业者也务必认识到，即使是身陷囹圄、失去人身自由的当事人，他们对自己生活的一些方面也保留着自主权（Farbing & Johnson，2008）。所以，无论当事人的法律地位如何，他们仍然可以自主决定是否跟从业者分享自己的想法和感受；是认真听取从业者的建议，还是只把这些当耳旁风。

不过，丧失自主性或担心自己会如此，还是会让当事人难以主动地参与到改变的历程中来。当事人可能认为自己就是没有权力的一方，也将自己预设为（与从业者的）谈话中的被动角色。也许这样的当事人更容易管理，所以

---

① 法律地位（legal status）指的是个人或实体在法律框架内的地位或身份，这可能包括他们的权利、义务、责任，以及他们与法律的关系。在特定的法律程序中，如缓刑或假释，"法律地位"可能特指个人在司法系统内的位置，包括他们是否遵守缓刑或假释的条件，以及这些条件如何影响他们的自由和法律义务。例如，如果某人违反了缓刑的规定，他们的法律地位可能会改变，也许会导致更严格的监督或监禁。——译者注

某些领域或设置可能乐见于此，但这终究会将促进当事人积极改变的那些努力蛀蚀殆尽（Bandura，2004）。如果当事人没有合作性地参与改变历程，那么他们可能没有足够的动机实施改变，或者是不愿意做那些与自己的经验、优势／强项及偏好不甚匹配的改变。例如，如果当事人被动地参加职业规划讨论，他就有可能被分配到他毫不感兴趣的工作中，也就无法充分发挥自己的才干与经验了。如果当事人在某个生活领域丧失了自主性或担心自己会如此，还可能导致他们在其他的生活领域投入更多无谓的、适得其反的努力，以试图重申他们的自主权（Ryan & Deci，2000）。例如，一位当事人因涉及司法议题而感到自主权丧失，于是他有可能在别的生活领域放飞自我，矫枉过正。因此，如果想帮助涉及司法议题的当事人做出正向的改变，从业者就务必留意失去自主性对于当事人的影响，并且尝试恢复当事人的自主感。虽然"强调自主性"这一符合动机式访谈的对策可以运用在任何会谈之中，但在与涉及司法议题的当事人工作时使用，其作用是最为明显的。强调自主性包括：突出和强调当事人在其生活中可以掌控的部分，并且主动地协助当事人练习这种掌控，从而对他们的自主性做出支持。

不符合／有些符合／符合动机式访谈强调自主性的例子

下面呈现了从业者以不符合动机式访谈、有些符合动机式访谈以及符合动机式访谈的方式向涉及司法议题的当事人强调自主性的例子。

当事人说："我有一次没去签到，你就在谈撤销我的缓刑，要把我送回监狱了吗？"

不符合动机式访谈："是你自己做了错误的选择，现在就要承担后果。"

虽然从表面上看起来，这段话像是支持了当事人的自主性（因为提到了"选择"一词），但它是不符合动机式访谈的。从业者给当事人的选择贴上了"错误"的标签，而且通过将当事人的选择与他不希望出现的、无法掌控的后果进行关联，从业者实际上是在削弱当事人的自主性。

有些符合动机式访谈："假如那一次我能确保你来签到，我当时就会那么做。但我没有这种权力。有这种权力的人是你自己。"

这段话是有些符合动机式访谈的。从业者清晰地说明了当事人才是有权决定是否来参加缓刑会谈的人，从而强调和支持了当事人的自主性。从业者也表达了共情："假如那一次我能确保你来签到，我当时就会那么做。"但从业者主要聚焦于已经发生的事情，这是不太可能引导当事人离开现在的焦点并朝着正向的改变发展的。而且，因为当事人不喜欢没有签到所导致的后果，所以可能会将这里的"强调自主性"解读为：从业者试图将缺席的责任归咎于当事人。

符合动机式访谈："你的缓刑条件是法院制定的，所以对于这件事的影响我是束手无策的。我知道这让你感到失望，因为之前你一直都做得非常好。也正如你从经验中知道的，从此刻开始，你的行为能够深刻影响接下来的事态发展，所以现在的决定权真的在你自己手中，请你来决定是否值得做一些争取法庭从宽处理的事情。"

这个回应是符合动机式访谈的，因为从业者强调了当事人确实具有的自主性——可以尝试做一些事情来给法庭留下好印象，并可能争取到从宽处理。从业者还以客观的方式提供了关于后果的信息，而且推测并反映了当事人对于可能被收押回监狱的情绪体验，体现了对此的共情。

参考对策3：引出不和谐

斯塔谢维奇等人（Stasiewicz, Herman, Nochajski, & Dermen, 2006）还提出了一种与涉及司法议题的当事人工作时既实用又符合动机式访谈的对策，即引出不和谐。这种对策可以处理与此类当事人会谈时的常见问题：当事人在会谈开始时（哪怕从业者还没有开口说话）就饱含强烈的不和谐感（旧称阻抗）。这种不和谐感可能不是针对从业者本人的，而是当事人觉得从业者可能隶属于冤枉或伤害了自己的某个系统。从业者在处理这种不和谐感时可能会遇到的困难是，当事人可能不愿意在会谈刚开始时就表达自己的愤怒或怨恨，他们会感到不安全。实际上，就算从业者直接询问这些方面，当事人可能也会予以否认，说自己没什么困扰。不过，除非当事人有机会表达受双方不和谐关系影响的想法与感受，否则双方恐怕很难（即使并非绝对）朝着有建设性的方向发展。

为了和彼时回应不和谐的术语（Miller & Rollnick，2002）保持一致，斯塔谢维奇及其同事（Stasiewicz et al.，2006）将自己开发的用于处理不和谐的对策称为"引出并柔对阻抗[①]"。顾名思义，该对策包括：从业者在与当事人的早期接触中，主动创造机会引导对方表达自己的愤怒、怨恨等不和谐感。这种做法可以让当事人和从业者共同面对这些议题，并据此进行工作，也有助于更高效地聚焦当事人自己希望做出的改变。斯塔谢维奇等人描述了有关的应用：在与醉酒驾驶者的工作中，他们会在会谈的一开始就共情性地提供一张列有其他醉酒驾驶当事人最常说出的不和谐语句的清单，由此开始探讨。清单中的表述可能涉及与醉酒驾驶定罪有关的大量开销（例如，律师费、治疗费、车辆扣押费和工资损失）；或者是认为相比于其他有过失的司机（例如，开车发短信的人），法律对醉酒驾驶的处罚过于严苛了。这种做法不但在交流之初就为当事人创造了"一吐为快"的机会，也是从业者表达共情的一种方式；当事人可以感受到从业者对于因醉酒驾驶而被指控的经历和体会有一定程度的理解。

至于是否使用这种对策，要根据从业者在具体领域或设置下的经验，以及当事人表现出的不和谐迹象（例如，会谈室中充斥着紧张感；当事人言辞讽刺、语气敌对；沉默或被动地回应）。如果相应领域中的当事人在初期会谈时几乎没有例外地都会表达愤怒、挫败、怨恨或类似的反应，那么从业者准

[①] 在2013年之前，回应和处理阻抗的术语是"柔对阻抗（rolling with resistance）"，自2013年随着第三版的《动机式访谈法——帮助人们改变》的出版，相应的术语被更新为"与不和谐共舞（dancing with discord）"。请读者注意，这两个术语在2013年之后的动机式访谈文献或书籍中，均有使用。——译者注

备一张列有最常见不和谐声音的清单,并在会谈之初就主动引出当事人的不和谐,可能是很有帮助的。而且,这种做法对于并非源于司法议题的领域或设置的不和谐同样适用。例如,从业者工作的诊所或机构等候时间长、设施老化、候诊室拥挤、服务时段不方便或者其他类似的问题,都有可能引发当事人的挫败感或不满;在这类情况下,从业者使用"引出不和谐"的对策或许是有帮助的。

不符合/有些符合/符合动机式访谈引出不和谐的例子

下面呈现了从业者以不符合动机式访谈、有些符合动机式访谈以及符合动机式访谈的方式引出不和谐的例子。

当事人说:"好,我来啦。接下来呢?"

不符合动机式访谈:"你听好,在接下来的12周里,你是要跟我一起工作的,而且如果你能收起那种态度,事情会顺利很多。"

这段话是非常不符合动机式访谈的,它可能会加剧当事人与从业者之间的不和谐。从业者没有主动地创造一种共情性、支持性的机会,供当事人表达他们对于跟从业者工作的负面想法和感受;相反,从业者给当事人的想法和感受贴上了"态度不端正"的标签,并发表了可能被解读为威胁的言论(如果当事人表达负面的想法或感受,那么情况会如何),从而试图主动关闭涉及不和谐的讨论。这段话是克制"翻正反射"(见第二章)的一个反面例子。

有些符合动机式访谈:"嗯,在今天的会谈中,我们会复盘一下你醉酒驾驶被捕的情况,并讨论这个项目的目标。你觉得可以吗?"

这段话是有些符合动机式访谈的。对于当事人问到的"接下来呢?",从业者给出了会谈计划并让当事人有机会决定是否同意,这种回复具有一定程度的合作性。但从业者并未共情性地觉察当事人已明显表现出来的挫败感,也没有创造机会方便当事人坦诚地表达这种挫败感。相反,从业者无视了当事人明显的不情愿，还想按原计划推进会谈。

符合动机式访谈："我们今天需要完成几件事，不过在我们深入探讨之前，我想先跟你确认一下。在很多时候，被推荐过来治疗的人心里都有自己的想法。有些人觉得司法系统对自己不公，所以很不满；有些人觉得遭到了朋友或邻居的背叛，是他们报的警；有些人觉得来参加这个项目既要牺牲工作时间，又要花钱，完全没有道理；还有一些人对于目前的情况以及未来的走向都很焦虑，因为他们以前没有遇到过这种麻烦。那你呢？如果你也有上面这样的想法或顾虑，会是哪些呢？"

这个回应是符合动机式访谈的。从业者克制住了"翻正反射"，并且从当事人的话语及语气中共情性地觉察出对方可能不愿意与自己会谈。然后，从业者以一种支持性的、共情性的方式提供了信息（一张列有潜在不和谐声音的清单），并通过一个开放式问题邀请当事人表达自己的感受或顾虑。

本 章 总 结

缺席会谈和不依从治疗可能是跨学科、跨领域的从业者都会遇到也最为常见的临床挑战。很多符合动机式访谈的对策都可以用来提升当事人的改变准备度，从而帮助从业者减少缺席和不依从的情况。涉及司法议题或其他原因被强制来访的当事人往往有较低的改变准备度，而符合动机式访谈的对策同样可以在这类背景下予以运用，为从业者提供帮助。同时，将改变的准备度理解为一个当事人正在行进中的、存在不同阶段的过程（例如，"他还没有决定自己是否准备改变"），而不是将它视为当事人的某种静态特质（例如，"他就是顽固不化"），可以促进从业者与改变准备度较低的当事人有效合作。这种视角还可以增进从业者对于当事人改变（或不改变）的理解，并有助于从业者根据当事人的改变准备度量身定制干预计划或实施干预。还请从业者谨记：当事人的改变准备度较低可能有各种原因，运用本章中符合动机式访谈的对策可以帮助我们匹配当事人在改变历程中的位置，并帮助他们提升自己的改变准备度。表4.2总结了本章提到的临床挑战以及可参考的动机式访谈对策。

表4.2 总结与准备度较低有关的临床挑战以及动机式访谈的对策

临床挑战	可参考的动机式访谈对策
缺席会谈： 当事人频繁更改预约（有时是在开始前的最后一刻取消）或者缺席已预约的会谈	符合动机式访谈的转介：在充分了解了当事人的偏好和动机之后，确定转介是有帮助的，然后以合作的方式来发起转介 提供信息：以导进性的、客观的方式提供关于转介性质以及预约管理原则的信息 做计划：导进当事人参与到对"怎样达成其目标"的合作性讨论中 强调自主性：明确表达最终还是由当事人自己决定是否参加这些被推荐或者被要求的会谈
不依从： 当事人迟到、缺席会谈或者不执行治疗方案	唤出式问题：运用提问，旨在真心想了解当事人的关切、顾虑、动机，以及可能的解决方法 量尺问句：用一把刻度是1—10的尺子来询问当事人觉得改变有多重要，或者有多大的信心 展望未来：引导当事人展望他们的生活；如果做出或不做相应的改变，今后会有怎样的结果 修订改变方案：退后一步（放下原先的思路与风格）、回顾并重新商讨改变的方案，着重讨论不同的选项，而非仅着眼一种选项 强调当事人的个人掌控：清晰明确、真心实意地强调当事人有权做出他们认为最适合自己的选择
涉及司法议题： 当事人因法庭强制、转介或被律师建议而来访	提供信息：从业者先征求许可，然后务必清晰、客观、毫不含糊地告知对方自己在司法体系中的角色、相应的保密原则以及例外 强调自主性：突出和强调当事人在其生活中可以掌控的部分 引出不和谐：主动为当事人创造机会，使他可以表达愤怒、怨恨以及对转介的顾虑

第五章

势头减弱

通常，人们在改变的历程中都会在进步上时快时慢，在势头上有起有落，退步或短暂地回归问题行为，甚至是完全回归问题行为。正如我们在第二章和第四章探讨过的普罗查斯卡和迪克莱门特的改变阶段模型（Prochaska & DiClemente, 1983）所述，当事人会在这些改变阶段中循环反复。因此，就算一个人已经进入行动阶段甚至是维持阶段，也不意味着他不会再返回之前的改变阶段。所以当运用改变的跨理论模型时，通常都会讨论循环和复发的议题，这些情况也不是只在某个特定的阶段才发生的（Connors, DiClemente, Velasquez, & Donovan, 2013）。

> **快速查阅**
>
> **复发**
>
> ◇ 复发与循环：这是改变历程中的一部分，即当事人可能会回到之前的改变阶段（如前思考期），也会再次出现问题行为

有很多因素会导致改变历程的快慢起伏，包括重要性和信心方面的变化、外界的阻碍（如家人的支持减少了），或者对改变抱有不切实际的期待。其中有一些因素是当事人可以管理和调控的，而另一些可能是更不可控的。无论是否可控，从业者都需要觉察到势头上的变化，而且要谨记：即便是主动改变的当事人，也可能出现势头减弱，而这个信号又在提醒从业者要随之做出更

符合动机式访谈的调整了。一般而言，这种调整是从"指导性更强的风格"切换到"更符合动机式访谈的引导风格"。从业者将这种势头上的变化视作重新导进或在改变阶段中再循环的一个契机，并切换到符合动机式访谈的风格，可以帮助当事人重新恢复朝向改变的发展势头。实际上，动机式访谈的一个重要助益可能就在于能够在当事人势头减弱时将符合动机式访谈的风格整合运用到改变的历程之中。

临床挑战1：进展[①]缓慢

情况描述

我们在培训中发现，从业者经常遭遇的困难是：当事人表现出有动机做改变，但在改变的过程中进展缓慢。这会令从业者非常困惑——既然当事人已经表达了改变的愿望、需要，甚至意图，那么他们为什么没有进展得更快一些呢？大家可能也记得本书第二章中讲到的改变语句，这类话语表达的是改变的意图，可由此预测正向的改变结果（Amrhein, Miller, Yahne, Palmer, & Fulcher, 2003）。根据我们的经验，从业者（我们有时也如此）会倾向于假设：在当事人表达了改变的意图之后，从业者就获得了扮演一种主动的专家角色的许可，同时也被许可告诉（建议）当事人要怎么做。当事人来找我们求助不就是为了这个吗？这种假设往往会使从业者为当事人确定行动或干预的方案，然后把它们传达给当事人。但从业者这样做时并没有尊重当事人的自主性，也没有引出当事人自己的"专家意见"来帮助判断和决定什么才是最好的方案。然后，在当事人进步缓慢或没有进步时，从业者就感到了忧虑、挫败甚至是幻灭，同时也将相应的责任都归咎于当事人。

举一个我们亲身经历的例子。我（迈克尔·B. 马德森）会给从事心理服

[①] 原文为 progress，指改变过程的进展或当事人的进步，因此在译文中，"进展"和"进步"会灵活切换使用。——译者注

务的高年级博士生定期做督导。我观察到，学生一般会用两次会谈来"理解"当事人的困扰和治疗目标。在第二次会谈之后，学生就会在诊所写出治疗方案，等到第三次会谈时呈给当事人。然后又经过了几次会谈，学生再和我见面时充满挫败感，因为当事人在这个治疗方案上没有进展和进步。针对此类情况以及学生的疑问，我一般会用一个简单的问题来回复："这个方案有多大的比例出自他本人，又有多大的比例出自你？"这个例子以及我问受督者的这个问题旨在强调：在动机式访谈看来，从业者需要合作性、唤出性地与当事人共同建构改变的方案。

将进展/进步缓慢概念化为"需要重新评估动机"以及"需要重新审视方案"的证据，有助于从业者在这类情况下切换到更符合动机式访谈的风格。米勒和罗尔尼克（Miller & Rollnick, 2013）以及其他学者（如Westra, 2012）都提醒从业者留意动机的变化；而且在治疗的过程中，当事人的矛盾心态可能会再度涌现。有多种原因可以解释进展为何缓慢或者放慢了，包括：制订了不合适的方案；方案的各部分都出现了意料外的困难；需要优先考虑和顾及一些生活中的事件或阻力。

个案

乔尔是一位40岁的男性，由于最近被公司裁员，他现在正求助于职业规划咨询。乔尔曾在本地一家银行担任会计，他也是一名注册会计师。职业规划师列出了一张她认为乔尔有资质申请的工作清单，并告诉他要去申请上面的每个工作，然后等下周再过来。但当双方再见面时，乔尔告诉规划师，他只申请了其中一个工作，因为其他工作好像跟他的需求或兴趣不匹配。听到这些，规划师询问乔尔到底想不想找工作。乔尔激动地回答："找工作就是我最紧要的事啊！"然后规划师又在清单上增加了三个她认为合适的工作，让乔尔继续申请并在2周后再见。等2周后见面时，乔尔说在这些新增的工作中，他只申请了一个，其他的没去申请，因为它们好像都跟他的需求和兴趣不匹配。听到这些，规划师的挫败与无奈已经溢于言表，她再次询问乔尔到底想不想找工作。

如果从业者提出的方案跟当事人自己的目标、需要或偏好不一致，那么类似乔尔的情况会经常出现。至于如何看待（概念化）这种情况，一种理解是：乔尔并不是真心想找工作，他就是来走个过场，不找工作也许还有次级获益；要不就是他没有从业者认为的那样急切。我们在培训中也注意到，来学习的医务工作者会分享自己对于当事人缺乏改变的挫败感，他们通常会说类似的话："假如他们（当事人）明白减肥对自己的健康有多重要、多紧急，他们早就开始行动了。"虽然"明白改变的重要性"对于促进改变很关键，但我们在理解进展缓慢这种现象时，不能只考虑这一个因素。一种更符合动机式访谈的理解（概念化）是：这个方案可能不是最合适的，也许没有囊括最优的改变对策，也许当事人对于执行该方案还有自己的顾虑。因此，当遇到进展缓慢的情况时，唤出当事人自己关于什么因素导致了这种现象的思考与看法，才是一种更符合动机式访谈的做法。

参考对策1：唤出式问题

与当事人探讨进展缓慢的情况时，一种符合动机式访谈的好做法是：从业者退出指导风格（例如，提建议、给忠告，或者告知解决办法），并开始运用唤出式问题。因为在这类情况下使用唤出式问题可以帮助从业者引出当事人自己评价进展如何以及可能有哪些阻碍。这种做法有助于规避专家陷阱和"翻正反射"，同时更好地保持合作关系。这样做也体现了从业者真心实意地想去了解和理解当事人对此的看法。

不符合 / 有些符合 / 符合动机式访谈唤出的例子

下面呈现了在当事人进展缓慢时，从业者以不符合动机式访谈、有些符合动机式访谈以及符合动机式访谈的方式进行唤出的例子。

当事人说："你上周给我列出了五个工作机会，我去申请了一个。找工作对我来说真的很重要。"

不符合动机式访谈："找工作对你很重要，你却只申请了其中一个。难道你不觉得其实应该把我列给你的都申请一遍吗？"

虽然从业者先做了一个反映，但这段话仍然是不符合动机式访谈的。从业者所做的反映带有一些评判的语气，尤其是"却只"这一措辞在表达当事人本应该申请更多的工作机会。此外，从业者使用了反问式问题，这可能不利于探讨，并引发不和谐。

有些符合动机式访谈："听你说到找工作对你真的很重要。同时，你申请了清单中这五个工作里的一个。其他的几个有哪些问题呢？"

这段话是有些符合动机式访谈的。从业者通过做出反映表达了对当事人矛盾心态的理解。不过从业者并没有退后一步（放下原先的思路与风格）去更深入地理解当事人，而是继续盯住所列的工作，想了解为什么它们不适合当事人。这反而更有可能引出不和谐或持续语句，而无助于理解当事人的动机。

符合动机式访谈："听你说到找工作对你真的很重要。同时，你申请了清单中这五个工作里的一个。可能是我做得有些匆忙了，直接给了你一张清单，却没有安排足够的时间与你聊聊你的期待和目标。如果你觉得可以，我想多听你说说这个方案的哪些方面对你找工作有帮助，哪些方面帮助不大。"

这段话之所以是符合动机式访谈的，有几点原因。第一，从业者先做了双面式反映，突出了当事人希望的目标，并呈现了相应的进度。从业者在这个反映中没有评判，只是突出了当事人自己讲的内容。第二，从业者接着承认自己可能扮演了专家角色，并抢在当事人前面给出方案。第三，这个回应又让从业者有机会转回来引出当事人自己对于方案执行情况的看法。借此，从业者表达了合作的意愿以及想要理解当事人对于执行方案的评价。

参考对策2：评估重要性与信心

随着改变方案的执行，改变的重要性和当事人对于改变的信心可能会有起伏，尤其是当他们面对新的目标、任务或阻碍时。例如，我（迈克尔·B. 马德森）在强迫症的治疗中就注意到，随着治疗的推进，改变的重要性和当事人对改变的信心通常会有所下降。第六章对此有更多探讨，如其中所述：虽然针对强迫及相关障碍的暴露治疗具有很强的效力，但这种方法要求当事人完成的练习和实践会导致暂时的、强烈的焦虑或其他负面情绪。所以，当事人对治疗中新的暴露任务表达矛盾心态是很常见的，即使他们已经有过成功完成暴露的经历了。这里的一部分原因是，当事人体验到了焦虑并想回避，从而降低了改变的重要性（例如，"我宁愿有这个病，也不做这种治疗了"）。不过，我观察到当事人好像也对自己做暴露的能力缺乏信心（例如，"我想做暴露练习，但我觉得我今天是没有能力完成的"）。诊所或治疗机构的座右铭是"只管去做暴露，情况会好起来"，这也是行为疗法常会给出的回答。此话虽然不假，但这种方法还是经常导致治疗进展缓慢或停滞不前。所以，从业者在遇到此类情况时，可以通过评估改变的重要性和信心来导进当事人参与讨论，从而了解进展缓慢背后的原因，或许还可以帮助当事人解决重要性或信心方面的阻碍。请大家谨记，在一个人主动改变的过程中，矛盾心态可能会再度现身。其表现形式之一就是进展缓慢。

不符合/有些符合/符合动机式访谈评估重要性与信心的例子

下面呈现了在当事人进展缓慢时，从业者以不符合动机式访谈、有些符合动机式访谈以及符合动机式访谈的方式评估重要性与信心的例子。

当事人说："你上周给我列出了五个工作机会，我去申请了一个。找工作对我来说真的很重要。"

不符合动机式访谈："嗯，找工作对你真的很重要吗？"

这个回应之所以是不符合动机式访谈的,有几点原因。第一,从业者强调了"真的"这个词,体现出他不相信当事人对于重要性的表达。第二,这种提问听起来更像是一种指责,而不是评估找工作对于当事人的重要性。这个回应更有可能引起当事人的防御反应,因为从业者是在"叫板"当事人并予以质疑和挑战。同时,这个提问也是一个封闭式问题。这样来提问,可能会导致从业者无从了解阻碍进展的因素有哪些。

有些符合动机式访谈: "如果用一把刻度是1—10的尺子进行测量,那么你有多大的信心觉得自己能够找到工作?"

这个回应是有些符合动机式访谈的。既然已经了解到了找工作对于当事人的重要性,那么从业者就会使用量尺问句来评估当事人对此的信心。不过在这里,从业者没有先反映当事人的话语,就直接跳到了另一个方面(直接用了信心尺,而不是重要尺),从而错失了表达共情的机会。如果这种情况反复发生,可能会让当事人认为从业者并非真心在意他们讲的话,或者会导致问答陷阱——当事人只是被动地回答了从业者提出的问题。

符合动机式访谈: "找工作是你很看重的事情。这一周,你已经能做到申请清单中的五个工作里的一个了。如果我可以问一下,那么在一把刻度是1—10的尺子上,你有多大的信心觉得自己能够找到工作?(当事人回答:'大概是5吧。')嗯,所以你对找工作是有一些信心的。为什么你给出的评分是5,而不是3呢?"

符合动机式访谈: "找工作对你而言很重要,同时你已经能做到申请清单中的五个工作里的一个了。也许你还可以再跟我讲讲,如果用一把刻度是1—10的尺子进行测量,此刻你觉得找工作对你的重要性在哪个位置呢?(当事人回答:'大概是7这里吧。')嗯,所以它对你来说很重要,但在此刻还不是最重要的。或许需要发生什么,它就会达到9或10的位置,而不是7了呢?"

这些回应之所以都是符合动机式访谈的，有几点原因。第一，从业者通过反映突出了当事人能够申请清单中的一个工作，同时也指出这是五个里的一个。从业者在这样的反映中没有评判，只是再次表达了当事人自己说过的内容。第二，从业者的话语聚焦于当事人，并没有引向由自己来解释目前的情况，而且没有预设改变的重要性以及当事人的信心有多强。第三，相应的提问没有暗示或含蓄地表示当事人在撒谎或者从业者不相信对方。

参考对策3：修订改变方案

有时，进展缓慢也可能意味着原先制订（而且当事人也决心去做）的改变方案已经不是最优的选择了。出现这种情况可能有多方面的原因：也许是从业者没有充分地促进合作；没有全面地考虑到可能的选项及阻碍；当事人无法提前预想自己在实施方案时会发生的情况。无论是哪种原因，进展缓慢都作为一个信号在提醒从业者重新审视现行的方案，来决定是否要做出调整，以及具体有哪些内容要做出调整，从而促进改变。从业者在进展缓慢时退后一步并审视方案，也向当事人表达了双方是"携手同行"的，从业者在真心实意地投身于帮助当事人制订属于他们的最优的行动方案。与只是简单地问"你怎么不去落实这个方案呢？你说过会去做的"相比，这更符合动机式访谈的风格。请谨记，就如第二章所言，我们需要尊重当事人自己的"专家意见"以及自主性，我们同时也要和他们一起工作，以决定哪种改变以及如何改变对于这一位当事人才是最好的。

不符合/有些符合/符合动机式访谈修订改变方案的例子

下面呈现了从业者以不符合动机式访谈、有些符合动机式访谈以及符合动机式访谈的方式修订改变方案的例子。

当事人说："你上周给我列出了五个工作机会，我去申请了一个。找工作对我来说真的很重要。"

不符合动机式访谈："这个方案好像对你没有帮助。是方案的问题吗？"

从业者承认了这个方案对当事人可能不奏效。但后续的封闭式问题让这段话不符合动机式访谈。遵循动机式访谈风格的从业者会使用更具导进性和唤出性的问题，而封闭式问题很难有这样的效果。此外，这个提问还可能引发当事人的防御性回应。

有些符合动机式访谈："你完成了方案的一部分，在其他部分你遇到了困难。有哪些是需要调整的呢？好让这个方案对你更有效。"

从业者先肯定了当事人已经完成了一部分方案，这是符合动机式访谈的，但从业者也强调了当事人在执行方案时遇到了困难，并以此收尾结束了这句反映。将这句反映与后续的提问组合后，可能表达出对当事人努力的某种微妙评判，这可能会引发不和谐。

符合动机式访谈："本周，你完成了方案的一部分。在你继续向前推进的过程中，重新审视改变的方案可能会有帮助，看看是否需要增加、删减或者修改某些内容，好让这个方案对你更有帮助。"

这段话之所以是符合动机式访谈的，有几点原因。第一，从业者反映了当事人在方案上的进展。第二，从业者强调了当事人的优势／强项（"你完成了"）。侧重已经完成和做到的内容，可以减少引发防御的概率。第三，从业者征询了当事人的意见，提出重新审视方案的想法，看看需要哪些调整，同时不做任何评判。这样的回应也有助于导进当事人参与到方案的修订之中。请参阅下面的"快速查阅"中列出的一些问题，以便在重新评估当前的改变方案时使用。

> **快速查阅**
>
> **评估当前的方案**
> - 在尝试执行这个方案的过程中,你有哪些发现/体会呢?
> - 这个方案的哪些地方是起作用的/有帮助的?
> - 这个方案的哪些地方是不起作用的/没有帮助的?
> - 这个方案可以怎样帮助你达成你的目标?
> - 在这个方案中,我们应该增加/删减哪些内容呢?
> - 在这个方案中,我们应该修订哪些内容呢?

参考对策4:强调当事人的个人掌控

关于要怎样对待相应的改变方案,这些决定终究取决于当事人自己。正如本书已经多次提到的,让别人做他们不想做的事情,这是我们办不到的。这一事实同样适用于人们在自己的改变方案上的进展速度。所以从业者务必谨记,在符合动机式访谈的风格中,是当事人自己在掌控改变,并且掌控着改变的步频及节奏。换言之,从业者需要认识到改变的时间表是当事人自己的,而不是我们的。改变是快是慢,终究还是取决于当事人自己。因此,当进展缓慢时,从业者仍需谨记和觉察当事人的自主性及个人掌控的重要性,从而避免向对方施压。同样,在遭遇进展缓慢时,从业者也需要提醒当事人,自主性与个人掌控权握在他们自己手中。

不符合/有些符合/符合动机式访谈强调当事人的个人掌控的例子

下面呈现了在当事人进展缓慢时,从业者以不符合动机式访谈、有些符合动机式访谈以及符合动机式访谈的方式强调当事人的个人掌控的例子。

当事人说:"你上周给我列出了五个工作机会,我去申请了一个。找工作对我来说真的很重要。"

不符合动机式访谈:"要申请多少,这是你自己的选择,但我们需要帮你找到一份工作。"

从业者试图强调当事人的个人掌控,但因为收尾的那句而功亏一篑——"但我们需要帮你找到一份工作"。这句话表达了必须如何做的意思,大大削弱了当事人在此情此景中的掌控与选择。而且,从业者增加了一层含义——"你需要找一份工作"。这又让当事人更有可能讲出找工作为什么很难或者从业者建议的工作机会或申请方式如何不管用之类的话。换言之,从业者的回应可能会引出持续语句与不和谐。

有些符合动机式访谈:"找工作对你来说真的很重要。只有你自己才能真正实现这个目标。"

从业者先通过反映来突出工作对于当事人的重要性,并且强调了个人掌控。不过,从业者强调当事人的个人掌控的方式略带评判性,所以可能会引出持续语句或不和谐。

符合动机式访谈:"你来这里是因为你想找一份工作,这对你来说真的很重要。没有谁比你更了解什么工作最适合你了。同样,除了你,没有谁可以决定你要从这些工作中选择多少个工作进行申请。"

从业者先反映了找工作对于当事人的重要性。然后,从业者强调了当事人是自己的专家并且掌控自己的生活。而且从业者表示了找工作的步调与节奏也由当事人自己控制,而不是由从业者来控制。从业者也避免了植入他对于"当事人应该申请多少工作"或者"应该以什么速度找工作"的个人意见。

临床挑战2：反弹与复发

情况描述

对于正在做改变的当事人而言，经历退步或反弹是很常见的情况，即初次回到了自己努力削弱或消除的旧行为之中（Marlatt & Witkiewitz, 2005）。一旦经历了这种退步，很多当事人还会再经历复发，或者说全面、彻底地退回自己想要改变的问题行为模式中（Connors et al., 2013）。大家不妨想一想"新年决心现象"：每到新年伊始，都有不计其数的人们涌向健身中心，志在增加锻炼和强身健体。一些人实现了这样的目标；但更多的人往往在几周或几个月之后就偃旗息鼓，半途而废，然后等到下个新年才想起自己的这个"决心"。所以，退步、反弹和复发都是改变历程中的常客。不过虽然现实如此，但作为从业者，我们在面对当事人的反弹或复发时，通常还是会感到气馁。受此影响，我们往往会以不符合动机式访谈的方式进行回应，而在那些常会遭遇复发的助人领域尤其如此。米勒、福斯希迈斯和兹韦本（Miller, Forcehimes, & Zweben，2011）对此的看法是，既然在改变的历程中出现退步非常普遍和常见，那么众多治疗项目以及从业者还采取惩罚性回应就略显荒诞了。他们认为，如果我们可以将退步或复发概念化为改变历程中的一部分，那么为什么不以支持性的回应来重新导进当事人再次参与到改变的过程中来呢？如果一个人遭遇了癌症复发，我们断然不会做出惩罚性的回应。

个案

伊莱娜是一位35岁的已婚女性，育有3名子女。她在3年前怀第三个孩子时体重增加了33千克，之后又被确诊为患有高血压，医生建议她减肥并改变生活方式。大约在1年前，伊莱娜与一位营养师、一位私人教练以及一位行为专家开始了合作，以形成更加健康的生活方式。然后伊莱娜用了7个月顺利地做

> 到了增加锻炼和调整饮食，也成功地减掉了11千克。但最近在节日期间，她停止了锻炼，又拾起了之前的饮食习惯。伊莱娜也开始躲着咨询团队，回避参加会谈。在她终于见了行为专家后，伊莱娜表示对自己的复发感到非常难受，也觉得咨询团队可能会怪罪她。

当人们尝试做出持久的改变时，常会经历与伊莱娜类似的情况。"破戒效应"可能是对这种现象的一个解释，即已经做出改变的当事人因为又出现了先前的问题行为，而认为自己"前功尽弃"了（Gaughf & Madson, 2008）。如果从业者采取惩罚性的回应，就会强化破戒效应，并导致当事人脱离与从业者的联结，甚至不再考虑重新进行改变了。不过，谨记改变的阶段并且保持符合动机式访谈的风格，有助于从业者回应当事人的退步并重新导进他们参与到改变之中。以下是与重新出现问题行为的当事人进行工作的一些对策。

参考对策1：提供信息

从业者为当事人提供关于反弹和复发可能性的信息，可以帮助他们理解在做持久改变过程中会发生的起伏。针对高风险情境对当事人进行心理教育并与之讨论，有利于预防复发（Marlatt & Witkiewitz, 2005）。不过，如果当事人主动地做改变或改变已经维持了一段时间，从业者就容易扮演专家角色并主动要求当事人如何应对这些高危情境。但这种做法可能是不符合动机式访谈的。在第三章，我们讨论了一种叫作"引出－提供－引出"的信息交换过程，作为符合动机式访谈的提供信息的方式（Rollnick, Miller, & Butler, 2008）。通过使用引出－提供－引出，从业者可以和当事人讨论反弹和复发的可能性，并探讨在反弹和复发中发生了什么。这种做法能让从业者合作性地导进和邀请当事人作为他们自己的专家，来一同探索反弹和复发。

不符合 / 有些符合 / 符合动机式访谈提供信息的例子

下面呈现了从业者以不符合动机式访谈、有些符合动机式访谈以及符合动机式访谈的方式提供信息的例子。

当事人说:"我也不知道发生了什么——等我意识到,已经过去2个月了,我根本没有锻炼,然后我也忘记了自己的饮食方案,在节日里放开了吃美食。"

不符合动机式访谈:"对很多人来说,在节日期间都很难保持健康的生活方式。你确实需要记住自己的方案,以及它是怎样帮你规避那些诱惑的。"

这段话之所以是不符合动机式访谈的,有几点原因。第一,在从业者的语气中带有一定的评判意味,这可能会引出当事人对退步的辩护。第二,从业者扮演了专家角色,直接给出了有关复发的信息。在此处,从业者没有把握住机会导进当事人成为合作者,因而无法探索导致她回归旧有的饮食行为以及没有锻炼的原因。第三,从业者直接给出了当事人需要怎么做来避免复发。但是这样一来,从业者就没有机会理解和评估当事人自己的看法或者对相应信息的反馈了。

有些符合动机式访谈:"在节日期间,你在执行自己的方案上有一些困难,你觉得这是一种退步。你可能也会想起之前的经历,节日期间是特别困难的一段时间——我们称之为高风险情境。所以在这段时间里,有一个健康方案尤其重要。这些内容有多少也符合你的经验呢?"

这段话是有些符合动机式访谈的。从业者先以反映表达了对当事人的共情和理解。从业者在提供信息后也向当事人进行了核对。但从业者在提供信息之前没有引出当事人自己的经验与意见,在不清楚当事人已经做出过哪些努力,了解过哪些信息的情况下,就直接给出了信息。这有可能会使得当事人回应持续语句。

符合动机式访谈:"在节日期间,你在执行自己的方案上有一些困难,你觉得这是一种退步。从你自己之前尝试做改变的经验来看,你觉得在改变过程中有哪些困难呢?(等待当事人回应。)如果可以跟你分享一些内容,我想说,对于想要改变饮食和锻炼行为的人们而言,因为多方面原因,节日是一段特别具有高风险的时间,比如有压力、有美食的诱惑或者过于忙碌。这些内容是否与你的经验相符呢?"

这段话之所以是符合动机式访谈的,有几点原因。第一,从业者先反映了当事人对于这个问题的看法,从而表达了对当事人经验的理解。这个反映不带评判,只是再次讲出了当事人自己的体验。第二,从业者提供了一些信息,涉及节日给很多人造成的困难及可能的原因。第三,从业者不是告诉当事人需要怎么做,而是引出当事人自己对这些信息的解读。这种做法可以缓解双方对于现状的情绪化体验,体现了一种"就事论事"的心态,并有助于双方聚焦之后的工作方向。

参考对策2:重评重要性与信心

将反弹与复发视作长久改变历程中自然的一部分,可以帮助从业者重新聚焦于培养当事人的动机,从而再次投入到主动的改变中来。所以,从业者可能需要再度与当事人的改变动机进行工作(Miller et al., 2011)。有一种方法可以帮助从业者开启这方面的讨论,即在发生了反弹或复发之后,重新评估改变对于当事人的重要性以及他们对于自己做改变的信心。换言之,从业者可以使用重要尺和信心尺来评估当事人是否发生了某些变化,从而导致他们重返之前的问题模式。

不符合/有些符合/符合动机式访谈重评重要性与信心的例子

下面呈现了从业者以不符合动机式访谈、有些符合动机式访谈以及符合动机式访谈的方式与经历反弹或复发的当事人运用量尺问句重评其重要性与信心的例子。

当事人说:"我也不知道发生了什么——等我意识到,已经过去2个月了,我根本没有锻炼,然后我也忘记了自己的饮食方案,在节日里放开了吃美食。"

不符合动机式访谈:"调整饮食和锻炼对你还重要吗?"

这个回应之所以是不符合动机式访谈的,有几点原因。第一,这样的提问,尤其是在当事人经历复发的背景下,会带有一定的评判性,当事人可能会觉得在遭人指责而不是在评估重要性,从而造成不和谐。第二,这是一个封闭式问题,可能更容易得到简短的回答,而无法引出当事人更长的回应。所以在这样进行提问时,从业者没有机会导进当事人参与探索她自己的矛盾和犹豫,或者辨识发现改变的重要性为何下降了。

有些符合动机式访谈:"你现在觉得改变对自己的重要性有多大呢?"

这个回应是有些符合动机式访谈的。从业者通过开放式问题邀请当事人来分享其观点。不过,从业者是直接提问的,并没有把握机会向这位可能已对自己感到失望的当事人表达共情、提供支持和/或进行肯定。另外,虽然开放式问题不见得就是"坏"问题,但在这个特定的背景下就有可能会隐约地体现出:从业者认为当事人的反弹说明了她自己也不重视改变。这可能会导致当事人的防御。

符合动机式访谈:"这几个月以来还有在节日期间,你遇到了很多情况,让你的方案不好实施。我也在想,还是用一把刻度是1—10(1表示完全不重要,10表示极为重要)的尺子进行测量,此刻你觉得重新回归改变方案对你来说的重要性在哪个位置呢?(当事人回答:'大概是8。')嗯,所以重新回归改变对你是十分重要的。那为什么你给出的是8,而不是6呢?"

符合动机式访谈:"在过去的几个月里,包括节日期间,你遇到了很多情况,让你的方案不好实施,也让你感到挫败。那么用一把刻度是1—10(1表示完全没信心,10表示极有信心)的尺子测量,此刻你有多少信心觉得自己有能力重新回归改变呢？（当事人回答：'大概是4吧。'）嗯，所以这对你很重要，同时基于自己近期的一段经验，对于重新回归改变你不是很有信心。需要怎么做才能让信心变成7，而不是4呢？"

这些回应之所以都是符合动机式访谈的，有几点原因。第一，从业者先做反映，表达了对当事人的复发经历及体验的理解。这些反映都就事论事，不带评判，只是再次讲出了当事人自己的经历并增加了情绪体验。第二，从业者的话语聚焦于评估当事人的重要性和信心，并没有预设当事人已经准备好或有信心重新回归改变。通过使用量尺问句来聚焦重要性，从业者更好地理解了重新回归改变对于当事人的意义。第三，后续的提问有可能引导当事人说出改变语句，即谈论为什么重新回归改变对她很重要，以及如何能够变得更有信心。

参考对策3：回顾过去

一旦经历复发，当事人的关注点可能就会陷在这里，所以任何变化都有可能导致他们重返问题行为。而当事人的动机之所以改变，可能也是因为他们不再去想自己在主动做改变时的情景了。因此，回顾当事人过去主动做改变的时光并与他们当前的状态做比较，会帮助当事人在经历复发之后建立动机，重新投入改变。

不符合/有些符合/符合动机式访谈回顾过去的例子

下面呈现了从业者以不符合动机式访谈、有些符合动机式访谈以及符合动机式访谈的方式与经历复发的当事人回顾过去的例子。

当事人说："我也不知道发生了什么——等我意识到，已经过去2个月了，我根本没有锻炼，然后我也忘记了自己的饮食方案，在节日里放开了吃美食。"

不符合动机式访谈："你还记得你在复发之前主动改变的样子吗？"

这个回应是不符合动机式访谈的，因为从业者使用了封闭式问题。当事人可能会觉得这个提问是一种评判。此外，从业者也因为使用了"复发"这个措辞而陷入了"贴标签陷阱"。标签化的措辞可能会让当事人感到被评判，从而引发不和谐。

有些符合动机式访谈："你对于自己在有了进步之后，又回到之前的行为感到挫败。或许咱们可以花点时间回顾一下，看是什么导致了你在方案执行上的退步。"

从业者做了一个很好的反映来表达共情。但在动机式访谈中，回顾过去这个做法一般都会聚焦于当事人没有出现问题行为的那段时光。此处用到的回顾过去聚焦的是与当事人探讨问题，而不是通过回顾当事人做改变时的状态重新唤出其动机，所以只能算有些符合动机式访谈。

符合动机式访谈："你对于自己在有了那么多的进步之后，停下锻炼、放开吃节日美食而感到挫败。我在想，我们是否可以拿出一点时间来回顾一下你遵循锻炼和饮食方案的那段时间，看能否给我们提供一些线索或提示，帮助你重新回到改变上来，假如你愿意的话。"

这个回应之所以是符合动机式访谈的，有几点原因。第一，从业者反映了当事人对于复发的感受。第二，在这个反映中，从业者使用了当事人自己讲的话，从而避免了贴标签。第三，从业者以符合动机式访谈的方式运用回顾过去，即回顾当事人没有经历这种问题时的情况，并与她现在的情况进行比较。

参考对策4：权衡决策

鉴于反弹或复发可以作为一种信号，体现当事人的改变准备度可能发生了变化，所以探索改变和继续问题模式各自的利弊或许是很有意义的。正如第三章所述，符合动机式访谈的权衡决策要探索矛盾心态的两面，而不是只主张或聚焦于倾向改变的那一面。如果从业者主张或提倡倾向改变的一方，那么当事人可能会被推向并成为主张和提倡维持现状的另一方。所以，即使当事人已经在维持改变了，我们也需要认识到，可能已经发生或出现了会让天平向着"回归问题行为"的一边倾斜的情况或事物。例如，米勒及其同事（Miller et al., 2011）就指出，当事人在一个问题（如物质使用）上所做出的成功改变可能会让他们意识到还有其他问题存在。这种意识或发现可能会导致当事人缩回原先的问题模式。所以，从业者需要引导当事人重新评估"改变"与"不改变"。

不符合/有些符合/符合动机式访谈权衡决策的例子

下面呈现了从业者以不符合动机式访谈、有些符合动机式访谈以及符合动机式访谈的方式与经历复发的当事人权衡决策的例子。

当事人说："我也不知道发生了什么——等我意识到，已经过去2个月了，我根本没有锻炼，然后我也忘记了自己的饮食方案，在节日里放开了吃美食。"

不符合动机式访谈："嗯，你经历了复发，所以重新回到你的方案上很重要，这样你才能继续减肥并控制好血压。如果不重新回归改变，只会让你的健康状况更糟糕。"

很明显，这是想讨论改变的好处和不改变的坏处；但这是不符合动机式访谈的。从业者扮演了专家角色，直接给出了重新回归改变的好处以及不改变的坏处。这个回应可能会使当事人成为"不改变"的辩护方，会更多地表达维持现状的好处以及改变的坏处。换言之，从业者主张改变是不符合动机式访谈的做法。

有些符合动机式访谈："你很担心自己又回去做那些你要改变的行为。又回到这些行为上会有哪些利弊呢？"

这个回应是有些符合动机式访谈的权衡决策。从业者先做反映，表达了对当事人的理解与共情。但在权衡决策中，从业者只是在针对"回归问题行为"引出利弊，而忽略了"重新回归改变"的利弊。所以这种做法可能会将当事人引向只讨论问题行为而不讨论改变的方向。

符合动机式访谈："这一段时间，你又回归了你要改变的行为。这让你感到担忧。如果保持现在的状态，可能的利弊是什么呢？如果重新开始努力与改变，可能会有哪些好处，又有哪些坏处呢？"

这个回应之所以是符合动机式访谈的，有几点原因。第一，从业者先反映了当事人讲的话。这个反映增加了"让你感到担忧"的新含义，从而突出了当事人未言明的情感体验。第二，从业者先问了当事人维持现状的利弊，然后问了重新开始努力改变有什么利弊，从而促进了权衡决策。第三，从业者没有主张或提倡任何一面（改变现状或维持现状），这是权衡决策非常重要的一点。

参考对策5：引出并肯定优势／强项

在经历反弹或复发时，当事人往往倾向于关注导致自己发生退步的失误或错误，而这可能又会导致他们产生负面的情感体验以及做出更多的回避行为（DiClemente, 2003）。但在出现反弹或复发之前，当事人在主动进行着改变，所以可能也会展现出自己的优势／强项或成功做到的部分。虽然从业者可能最终依然需要跟当事人探讨导致反弹或复发的因素，但先引出他们的成功行动以及有利于他们努力改变的优势／强项同样很有意义，也大有帮助。

不符合／有些符合／符合动机式访谈引出并肯定优势／强项的例子

下面呈现了从业者以不符合动机式访谈、有些符合动机式访谈以及符合动机式访谈的方式引出经历复发的当事人的优势／强项并予以肯定的例子。

当事人说："我也不知道发生了什么——等我意识到，已经过去2个月了，我根本没有锻炼，然后我也忘记了自己的饮食方案，在节日里放开了吃美食。"

不符合动机式访谈:"你没有坚持下来完成这个方案。怎么回事呢?"

一般在这样回应时,从业者是想更好地了解当事人的复发。但从业者没有反馈当事人已有的成功行动,也没有引出其优势／强项。此外,从业者的初衷也许是想给予支持,但这种回应方式可能会让当事人感觉更加挫败。该回应已经明确表达了"失败"的意思,这可能会让当事人更加关注退步与挫折。最后一点,从业者聚焦于"怎么回事",可能也会使当事人更多地注意导致复发的问题,例如她自己的缺陷与不足,而不是引出她的优势／强项。

有些符合动机式访谈:"你对自己过去几个月的行为感到有点儿灰心。其实每个人都会遇到这种情况。你不必太苛责自己。我知道你可以重整旗鼓,再次回来做改变!"

这个回应是有些符合动机式访谈的。从业者先做了反映来表达共情,然后尝试肯定当事人。但从业者没有反映当事人的优势／强项或者之前的成功行动,而是将焦点放在了从业者自己对于"当事人能做到"的信心上。这类打气式回应在本质上是一种"翻正反射"。这样的回应可能会引导当事人反驳从业者,从而讲出更多的持续语句。

符合动机式访谈:"你对自己过去几个月的行为感到有点儿灰心。同时,你决定回到这里就说明了你的坚持与韧劲儿。或许你可以再跟我分享一些,在你遵循方案成功地做出改变的那7个月里,你对自己有哪些观察和总结?"

这个回应之所以是符合动机式访谈的,有几点原因。第一,从业者先反映了当事人对于复发的情感体验。第二,从业者肯定了当事人再次回来咨询的做法。第三,从业者尝试引出当事人的优势／强项,以及当事人从她在复发之前努力改变的成功经历中观察和总结出的对于自己的积极看法与正向发现。

参考对策6：重构

当事人，甚至一些从业者，会把"重现问题模式"视为改变失败。这种视角或看法可能会导致一系列情绪、认知以及行为上的反应。在情绪上，当事人可能会感到内疚、悲伤和焦虑。在认知上，当事人可能会认为自己是失败者或者没有能力改变自己的问题。在行为上，当事人可能会回避那些帮助他们改变的从业者。然后不幸的是，这些情绪、认知和行为反应更有可能将当事人锚定在不改变的状态中。所以，对反弹或复发进行重构可以带来不一样的情绪、认知和行为反应，而这些新的反应也会更有利于当事人做出改变。实际上，米勒及其同事（Miller et al., 2011）建议将反弹或复发视作一种行为或选择。如前所述，将"回归问题行为"概念化为改变历程中自然的一部分，可以帮助从业者与当事人重构这些退步，从而更好地理解这些挫折并解决问题，明确下一步要怎样做。

不符合/有些符合/符合动机式访谈重构的例子

下面呈现了从业者以不符合动机式访谈、有些符合动机式访谈以及符合动机式访谈的方式与经历复发的当事人进行重构的例子。

当事人说："我也不知道发生了什么——等我意识到，已经过去2个月了，我根本没有锻炼，然后我也忘记了自己的饮食方案，在节日里放开了吃美食。"

不符合动机式访谈："你出现了复发。这是改变过程中的一部分，很正常。"

从业者回应了"复发是改变过程中的一部分"，这体现出他试图进行重构。但这个回应是不符合动机式访谈的，因为从业者使用了"复发"这一术语，这也是一种标签，所以踏入了贴标签的陷阱。使用类似于"复发"的标签可能会唤出当事人的不和谐。此外，从业者还扮演了专家角色，预设自己完全懂得当事人为何会遭遇问题，而没有唤出当事人自己关于复发原因与情况的新信息。

有些符合动机式访谈:"根据我的经验,退步是改变过程中一个正常的部分,而且我认为你今天过来咨询就很了不起,这体现了你有决心做出长久的改变。我为你感到骄傲。"

这个回应体现了支持性,也对复发做出了重构,这似乎是符合动机式访谈的。不过,它只能算是有些符合动机式访谈,有几点原因。第一,从业者落入了专家陷阱,因为他并未强调当事人的个人掌控,也没有邀请当事人来分享,就直接给出了信息。第二,从业者使用了"我"来表达,这不符合肯定的做法,因为"我"字句可能会透露出"你让我感到高兴了"这样的信息。

符合动机式访谈:"感谢你今天过来咨询。你最近选择暂时放下了自己的改变方案,想到自己已经成功地做了7个月,你会感到挫败可惜。在我看来,你遇到的情况似乎也为我们提供了一个很好的学习机会。你觉得呢?我想听听你的看法。"

这个回应之所以是符合动机式访谈的,有几点原因。第一,从业者先将当事人的来访/出席重构为"积极的行动",以此对当事人做了肯定。第二,从业者规避了贴标签,并突出了是当事人做的选择,从而强调了个人掌控。第三,从业者表达了这是双方的学习机会,从而将复发重构为改变过程中的一部分,说明从中是可以学到东西的。

临床挑战3:过高的期待

情况描述

还有一种会影响改变势头的临床挑战,而且可能是特别难应对的,即当事人持有过高的期待。当事人可能会期待只需要付出很少的努力就能改变,或者有什么神奇的疗法或技术可以帮他们一蹴而就。其实,我们在电视里就看到过类似的广告,这类神速改变的工具从"融化脂肪"的衣服,到提神药或减肥药,再到只需最小运动量就能令君"返老还童,重塑体形"的锻炼设备。

总之，出于各种各样的原因，很多人都在寻求一种只需付出很少的努力甚至不需要付出努力就能改变的路径。所以，难怪经常有从业者问我们："遇到那些目标不切实际或者根本没法实现的当事人，我该怎么办呢？"

当事人持有过高的期待，这就向从业者抛出了一个有趣的两难困境。从业者可能会感受到一种强烈的冲动，很想基于自己的知识经验以及对于相应领域的相关研究的深刻理解来教育当事人，并建议对方考虑更实际的目标。在很多临床取向中，这样做可能完全是恰当的。我们也还记得，在接受临床训练时，我们就被要求制订具体的改变目标，特别是要求目标具有现实性和可执行性，这样才能帮助当事人成功做出改变。不过，此刻的专家角色是不符合动机式访谈的。实际上，告诉当事人其目标不切实际或者不太可能实现，然后给出替代性目标，可能会削弱当事人自己的动机，也并不会帮助他们形成更可行的改变目标。所以这里的两难之处在于，如何采用符合动机式访谈的方式，并且帮助当事人管理自己的期待，尤其是在他们期待过高或不切实际的时候。

个案

布兰迪是一位已婚女性。因为担心自己的婚姻以及跟丈夫缺少沟通，她主动来访并寻求个体治疗。布兰迪已经结婚10年了，她说自从有了3个孩子，她和丈夫的关系就每况愈下。具体而言，布兰迪说，当她试图与丈夫交谈时，对方不理睬，不回应，甚至开始躲开她。布兰迪已经读了几本有关夫妻关系的书，但并没有找到什么万全的方案。所以她过来做治疗，想学习能让丈夫回心转意的最优方法。布兰迪想让从业者给出解决她关系问题的方法。

作为心理学工作者，我们经常遇到一些当事人，他们对从业者会提供什么帮助抱有特定的期待。这种期待通常是关于"从业者会做些什么来改变我（当事人）"的。当然，我们也理解当事人抱有这种期待的原因，因为在很多的医疗干预中，特别是对急性疾病的干预，主要依靠医务工作者采取行动来解决问题。不过，这种模式一般不适用于预防和管控慢性病，以及其他一些更为复杂的情况。而要解决这类问题，只靠"从业者对当事人做些什么"基本上不会是最优方案。相反，良好的解决方案都需要当事人"做些什么"来促成改变。

> **个案**
>
> 厄尔是一位单亲父亲。他的儿子克雷格今年10岁，在3年前被确诊出哮喘。克雷格管理不好自己的哮喘，在过去半年中，他已经因为哮喘相关问题住了三次院。经过克雷格医生的转介，他们父子俩前来咨询求助。厄尔说，克雷格不遵守管理哮喘的医嘱，他不知道该如何帮助儿子。厄尔说自己每天要工作10~12小时，没有办法提醒克雷格用药或者时刻监测他的行为。厄尔认为带儿子来咨询正好能给他"捋顺了"，并让他遵守医嘱。

此外，因为我们的社会本身就关注"短平快"，所以当事人可能也会对改变的效果及速度抱有不切实际的期待。他们可能会认为，自己通过减肥就可以修复关系，或者只要参加了营养咨询就能治愈自己的糖尿病。

> **个案**
>
> 史蒂夫被确诊出肥胖症、高血压和糖尿病。他从小就很难控制体重；而在过去5年中，他一直接受着医生的照护。跟很多人一样，史蒂夫也断断续续地尝试过节食，他会减掉一些体重，但之后会反弹，而且会额外增重。最近，史蒂夫经历了一次轻度的心脏病发作，所以他开始担心自己的体重及由此对健康造成的影响。实际上，他已经表达了减肥的决心。但他的目标是在接下来的1个月里减掉23千克，这样他就能用3个月时间赶在自己过生日之前减掉68千克了。他来咨询减肥专家，想知道怎样能最有效地实现这个目标。

同样，已经取得进步的当事人也可能高估自己进步的意义，认定自己已经完成了改变并获得了治愈。这类将小收获等同于完全治愈的期待，可能会使当事人的改变过程平添变数，更加复杂。

> **个案**
>
> 谢莉娅已经在毒品成瘾中挣扎了7年,她现在正处于戒毒康复的早期阶段。谢莉娅参加了一个针对物质滥用的住院治疗项目,已经连续3周没有使用毒品了。自从参加这项治疗以来,她一直在积极参与,而且身体已经表现出了一些康复迹象。谢莉娅取得了很好的治疗效果,她也清楚地认识到了自己是如何获得改善的。在最近一次会谈中,谢莉娅表示她认为自己已经可以控制住毒瘾了(这通常被称为"粉红云效应")。她还说,因为自己一直恢复得不错,所以想减少待在治疗中心的时间,可以把更多的时间放在其他事情上。

无论当事人出于何种原因而对改变抱有过高的期待,可能都会对从业者保持动机式访谈风格构成一种独特的挑战。这种挑战在于,从业者既要保持符合动机式访谈的风格,也要帮助当事人形成更符合实际的期待。其中的困难有一部分来自"翻正反射"(见第二章),这让从业者很自然地想要纠正当事人。所以在与抱有不切实际的期待的当事人工作时,从业者务必克制"翻正反射",这样才可能以符合动机式访谈的方式进行合作。以下是一些可参考的对策,可以帮助大家克制"翻正反射",并以符合动机式访谈的方式与当事人探讨和处理不切实际的目标。

参考对策1:征求许可后表达关切和担心

如果要以符合动机式访谈的方式和当事人探讨其不切实际的目标,那么从业者就一定不能直接否决当事人的目标,或者直接给出一个新目标,以此彰显和强调自己的专家地位。很多从业者可能都会体验到一种冲动,迫不及待地想要给当事人摆事实、讲道理,告诉对方改变及其过程到底是怎样一回事,从而用这种教育式对策帮助当事人调整好期待。实际上,有些助人取向在刚开始制订改变方案或者刚开始设定目标时就会使用这种教育式指导。相反,动机式访谈鼓励的是:双方在探讨改变时,当事人始终处于一种被赋权、被赋能的状态。从业者直接教育当事人可能会在双方的沟通中逐渐催生一种被动的氛围。不过，从业者完全可以保持动机式访谈的风格，并用符合动机式访谈的方式分享信息，甚至表达关切和担心。

正如第三章所述，从业者可以用符合动机式访谈的方式跟当事人分享信息。第一种符合动机式访谈的方式是：从业者先征求当事人的许可，再分享信息；或者先打个招呼，提一句自己想分享一些信息。无论是哪种做法，从业者都在表达自己很看重与当事人的合作关系，接受他们对于改变进程的意见，也希望与当事人如搭档或伙伴一般相处，在改变的路途中携手同行。第二种符合动机式访谈的提供信息的方式是：强调当事人的个人掌控——请他们判断和决定怎样对待这些信息。除了继续体现合作精神之外，强调当事人的个人掌控还体现了从业者充分接纳当事人并尊重对方的自主性——请当事人自己决定怎样做才是最好的。

不符合／有些符合／符合动机式访谈分享信息或表达关切和担心的例子

下面呈现了从业者以不符合动机式访谈、有些符合动机式访谈以及符合动机式访谈的方式分享信息或表达关切和担心的例子。

当事人说："我认为我在治疗中已经取得了实实在在的进步，我也准备把更多时间放在治疗中心以外了。我已经能控制住毒瘾了。"

不符合动机式访谈："你已经在这里待了3周，而且取得了进步。从生理上说，毒品终于从你的体内排出了，现在你也感觉好多了。你还需要做很多工作才能更彻底地摆脱毒瘾，充分康复。而待在治疗中心的时间越少，你复发的风险就越高。"

这段话为当事人提供了有关戒毒康复的生理层面的信息，并且说明了康复是一个持续的过程，需要时间。虽然这段话没有很强的面质性，但它仍然是不符合动机式访谈的，而且可能会引发不和谐。具体来说，从业者扮演了专家角色，在向当事人传授关于目前情况的"正确"知识。当事人很可能会反驳从业者说的话。

有些符合动机式访谈："你已经取得了一些进步，也对自己在治疗中做到的、收获的感到满意。我所担心的一点是，通常在治疗的早期阶段，当事人就以为可以控制住自己的毒瘾了，并且想将待在治疗中心的时间缩短。这是不是也很像你的体验呢？"

这段话是有些符合动机式访谈的，也体现了从业者的支持性。不过，这段话并不完全符合动机式访谈，因为从业者没有征求许可，也没有就分享信息提前打招呼。同样，从业者在征询当事人反馈时使用了封闭式问题。

符合动机式访谈："你留意到自己在治疗和感觉上都有了改善，而且改善非常多；所以你也准备把更多的时间放在治疗中心以外了。如果你觉得可以，我想跟你分享一些关于康复过程的信息，供你参考。（等待当事人回应。）在康复过程的早期阶段，有一种情况比较常见，就是当你在身体上感觉好一些时，随之会出现一种对毒瘾的掌控感。这虽然是一种进步和改善，但我也担心这种体验会让当事人做出某些决定，比如结束治疗，这会增加当事人复吸的风险。"

这段话是符合动机式访谈的。第一，从业者先以反映表达了共情。第二，从业者先征求了许可再开始分享信息。第三，从业者强调了当事人的个人掌控，由她自己做决定，而不是以专家的角色简单地告知信息。第四，从业者以一种非评判的方式提供信息并表达关切和担心，这也体现了至诚为人的动机式访谈精神。

参考对策2：唤出式问题

使用当事人自己的"专家意见"并引出他们已知的、有利于形成现实期待的信息，对于保持动机式访谈的风格也很有帮助。如第二章所述，当事人是自己人生的专家,他们更了解自己以往的经验。所以从业者通过有选择地提问,可以从当事人那里引出"他们根据自己的经验来看,目前所抱有的期待如何"。通过使用唤出式问题,从业者可以避免"翻正反射",既可以尊重当事人的自主性,也可以与当事人展开合作,而不是以专家的姿态工作。因为当事人可能尝试过类似的改变方案,他们自己知道哪些有效,哪些无效,以及现在的期待有多大的现实性。所以,从业者通过询问唤出式问题可以引出并利用当事人自己的经验与阅历储备,从而帮助他们更加切合实际地思考自己的期待。

不符合 / 有些符合 / 符合动机式访谈唤出的例子

下面呈现了从业者以不符合动机式访谈、有些符合动机式访谈以及符合动机式访谈的方式对期待过高的当事人进行唤出的例子。

当事人说:"我认为我在治疗中已经取得了实实在在的进步,我也准备把更多时间放在治疗中心以外了。我已经能控制住毒瘾了。"

不符合动机式访谈:"你真的以为你可以控制住毒瘾?"

这个提问之所以是不符合动机式访谈的,有几点原因。第一,这是一个封闭式问题。唤出式问题一般都是开放式问题,以邀请当事人充分而自由地做分享。第二,这个提问具有反问的性质,带出了从业者的价值评判。所以这个提问很有可能会引发不和谐。

有些符合动机式访谈:"你全身心地投入到康复之中,你也认识到了自己的进步和收获。根据你在这个项目中对于康复的了解,你还需要做些什么才能更好地康复呢?"

这段话是有些符合动机式访谈的。从业者先反映了当事人对于治疗进展的感受。然后从业者又通过开放式问题来引出当事人已知的、关于康复过程的信息。不过,从业者并未与当事人探索她从自己以往尝试康复的经验中学习到了什么,只是基于当事人从治疗中心学到的内容进行了唤出式提问。这种做法会塑造从业者和治疗中心的权威形象,传达出具备"专家意见"的是他们,而不是当事人。

符合动机式访谈:"你全身心地投入到康复之中,你也认识到了自己的进步和收获。请你再跟我说说,你之前在康复上的尝试与努力吧,还有你所了解的对自己有帮助的部分。这些内容可以怎样帮助你做出现在的选择呢?"

这段话之所以是符合动机式访谈的,有几点原因。第一,从业者先以反映表达了共情。第二,从业者没有直接给出合理康复的信息,而是引出并使用当事人以往的康复经验,从而邀请对方担任自己的专家。第三,从业者通过唤出式问题将当事人以往的经验知识与她现在要做的决定联系在了一起。

参考对策3:引出-提供-引出

引出-提供-引出是一种将两种符合动机式访谈的做法结合起来的对策。如第三章所述,引出-提供-引出可以促进当事人参与到从业者的信息分享之中,可以引出当事人已知的信息,还可以获得他们对于相应信息的反馈,即邀请当事人分享他们的知识储备,并对从业者分享的信息或顾虑进行解读。该方法也能让从业者更好地了解到当事人知道了什么以及误解了什么,并通过信息上的查漏补缺帮助当事人更好地理解改变历程。换言之,从业者可以了解到当事人知道什么以及不知道什么,从而有的放矢地提供信息。

不符合/有些符合/符合动机式访谈引出-提供-引出的例子

下面呈现了从业者以不符合动机式访谈、有些符合动机式访谈以及符合动机式访谈的方式与期待过高的当事人进行引出-提供-引出的例子。

当事人说:"我认为我在治疗中已经取得了实实在在的进步,我也准备把更多时间放在治疗中心以外了。我已经能控制住毒瘾了。"

不符合动机式访谈:"研究表明,此时还需要投入时间来帮你学会如何管控那些高风险的情境。"

这个回应之所以是不符合动机式访谈的，有几点原因。第一，从业者没有引出当事人的分享，就直接给出了信息。第二，从业者也没有引出或征询当事人对于该信息的反馈。第三，类似这样的回应很有可能让当事人体验到被评判，从而引发不和谐。

有些符合动机式访谈："你真的很想成功地完成康复。请讲讲你对于成功康复的理解吧。（等待当事人回应。）嗯，基于你的理解，如果可以，我来再补充一些信息。我们发现，学习一些新方法来监测和应对高风险的情境，通常是很有帮助的，因为随着人们从毒瘾中康复，他们可能又会逐渐暴露在之前的高风险情境中。这些话你觉得有道理吗？"

这个引出-提供-引出有些符合动机式访谈，但并不完全符合。因为从业者在提供信息后问了一个封闭式问题。这种问题通常只能引出很简短的回答，而且隐约传达出了"你认同我吗？"这样的意味。所以，这可能会让当事人变得被动，也无法更加开放地了解到当事人对于这些信息的反馈和解读。

符合动机式访谈："你真的很想成功地完成康复。请讲讲你对于成功康复的理解吧。（等待当事人回应。）嗯，基于你的理解，如果可以，我来再补充一些信息。我们发现，学习一些新方法来监测和应对高风险的情境，通常是很有帮助的，因为随着人们从毒瘾中康复，他们可能又会逐渐暴露在之前的高风险情境中。你觉得呢？我想听听你对这些的看法。"

这段话之所以是符合动机式访谈的，有几点原因。第一，从业者先表达了共情，并且强化了当事人想要康复的愿望。第二，从业者在提供信息之前，先引出了当事人已有的关于康复的知识。第三，从业者先打了招呼，提到想分享一些信息，并没有一上来就直接给出信息。第四，从业者通过开放式问题征询了当事人对于这些信息的反馈。

本 章 总 结

进展缓慢、反弹和复发以及不切实际的期待,都是在当事人已经着手改变之后经常遇到的临床挑战。当事人做改变时各有各的速度,导致进展缓慢的原因也有很多。以符合动机式访谈的视角来概念化当事人的进展缓慢——将这视作改变历程中自然的一部分,并认识到改变的动机会随时间变化——可以减轻从业者因这些挑战而产生的挫败感。我们提供了很多符合动机式访谈的对策,可以帮助从业者和当事人退后一步(放下原来的思路与风格),评估并更好地理解已经发生了哪些变化,或者还需要发生哪些变化,这有助于当事人恢复其动机水平,再次投入改变。我们希望,大家可以通过阅读本章识别并运用一些符合动机式访谈的对策,来匹配当事人的改变进程,协助对方更好地探索并理解进展上的缓慢,帮助他们增强改变的动机。表5.1总结了本章提到的临床挑战,以及可参考的动机式访谈对策。

表5.1 总结与势头减弱有关的临床挑战以及动机式访谈的对策

临床挑战	可参考的动机式访谈对策
进展缓慢: 当事人完成治疗任务、作业以及目标的速度与他们表达的改变意图不吻合	唤出式问题:通过提问来评估当事人如何看待自己的进展,或者识别影响进展的原因 评估重要性与信心:通过量尺问句评估改变的重要性或信心是否发生了变化 修订改变方案:退后一步(放下原先的思路与风格)并回顾改变方案,评估它是否奏效。是否紧贴当事人自己的目标? 强调当事人的个人掌控:在当事人感觉改变不可控时,突出和强调当事人在其生活中可以掌控的部分

续表

临床挑战	可参考的动机式访谈对策
反弹与复发： 当事人在维持了一段时间的改变之后，短暂或更久地回到了之前的问题行为中	提供信息：从业者先征求许可，然后给出清晰、客观、明确的信息——关于反弹和复发的本质，及它们与改变历程的关系 重评重要性与信心：评估反弹／复发对于改变的重要性和信心的影响 回顾过去：回顾近期的改变和努力，从而明确改变是如何做到并维持的。与当事人讨论他们可以如何使用这些信息 权衡决策：分别询问继续问题行为和重新回归改变的利弊 引出并肯定优势／强项：发现并识别在反弹／复发之前，当事人的正向行为和优势／强项 重构：将反弹或复发重新理解（概念化）为改变进程中的学习机会，而不是失败
过高的期待： 期待从改变中获得不太可能出现或无法实现的效果	征求许可后表达关切和担心：经当事人许可后，从业者表达自己的关切与顾虑——对于当事人的期待将会怎样影响到他们做改变的努力 唤出式问题：询问当事人以往做过的改变尝试，并联系目前的期待进行比较 引出-提供-引出：引出当事人关于相应期待的已有知识，提供客观信息，并引出当事人对于这些信息的解读与反馈

第六章

精神症状与障碍

美国国家精神疾病联盟（National Alliance for the Mentally Ill, 2013）将精神疾病定义为"会干扰一个人的思维、感受、情绪、与他人交往的能力以及日常功能"的一类疾病（p. 3）。精神疾病通常也被称为心理障碍（American Psychiatric Association, 2013）、神经精神障碍（World Health Organization, 2008）以及精神障碍（Kessler et al., 1994）。而无论使用哪个术语，心理障碍都是非常普遍的。实际上，根据世界卫生组织（World Health Organization, 2008）的数据，在全球因伤残损失的健康生命年（years lost to disability, YLD）中，有1/3是由心理障碍引起的，如抑郁障碍、精神分裂症和酒精使用障碍。美国全国共病调查复测（The National Comorbidity Survey Replication）是一项针对美国心理障碍的具有全国代表性的大规模流行病学调查，该调查发现：在任一年份中，都有超过1/4的18岁及以上的美国人罹患可被确诊的精神疾病（Kessler, Chiu, Demler, & Walters, 2005）。因为如此普遍，所以即便从业者并不从事治疗心理障碍的工作，也很有可能在其他领域为经历着心理障碍症状的当事人提供服务。本章为大家提供了一些符合动机式访谈的对策，从业者在与出现抑郁障碍、焦虑、创伤相关障碍及强迫障碍或精神病性障碍等方面症状的当事人工作时，可参考运用这些对策来处理常见的临床挑战。

本章并不只是想给出一些符合动机式访谈的对策，以促进对这些障碍的治疗。当然，阅读本书的心理健康专业人员会觉得本章中的思路和方法确实很有帮助。然而，本章的写作初衷在于，无论是心理健康的专业人员还是非专业人员，都可以学习和使用本章的内容。因此，本章在每一节都有针对相应障碍及其症状的非术语化的、描述性的信息。而与这些心理障碍有关的临床挑战，也是在任何运用动机式访谈的助人领域都有可能遇到的，例如，缓刑监管领域、医疗保健领域或者物质滥用治疗领域。同样，本章所建议的这些符合动机式访谈的对策基本上既可以用于帮助罹患心理障碍的当事人戒烟或遵守缓刑要求，也可以用于帮助他们治疗心理障碍。

临床挑战1：抑郁

情况描述

重性抑郁障碍和其他类型的抑郁障碍有各种特定的症状以及相关特征。根据我们自己的动机式访谈临床实践经验，以及其他接受我们督导的从业者的经验，我们发现抑郁障碍的以下特征会给动机式访谈的实务工作带来特定的挑战：绝望、无价值感或内疚感、难以专注以及对活动缺乏兴趣。虽然每个人偶尔都可能经历以上这些体验，但需要注意的是，在抑郁障碍中，这些体验会更密集、更强烈，同时也会造成更大的损害（American Psychiatric Association, 2013）。作为心理学工作者，我们有时也会跟罹患抑郁障碍的当事人的家属或亲人沟通交谈。在很多案例中，这些关心当事人的亲人似乎很难理解对于同一种感受——比如内疚感——没有抑郁的人所体会到的，跟当事人在重性抑郁发作中所体会到的，究竟有什么不同。所以亲人就会感到无法理解，"她（当事人）就道个歉，再做些弥补，这不就行了吗？要是我的话，我就这样做。"因此，从业者在与经历抑郁的当事人工作时务必秉持动机式访谈的精神，要努力理解特定的当事人所体验到的绝望、内疚感、难以专注或者缺乏兴趣，而不要预设对方的体验与从业者自己的或者是其他当事人的类似。

鉴于抑郁障碍的这些特征，大家在运用动机式访谈时可能也需要做些相应的调整，无论你是心理健康领域的专业人员还是其他领域的从业者。例如，与一位对未来感到绝望的当事人工作可能存在困难，无论是缓刑监督官想与她讨论满足缓刑要求必须遵守哪些步骤,还是精神科医生想与她合作性地推进针对抑郁的治疗方案。在本节中,我们将描述抑郁障碍的表现和症状,它们可能会影响当事人回应动机式访谈的能力,同时也会提供在我们看来最有助于处理这些困难的动机式访谈对策。我们尝试以心理健康从业者的相关视角提供这些信息,并且兼顾非心理健康领域的从业者,以方便大家学习和使用。

绝望

绝望一般是指对于未来的负面展望——缺乏乐观(Beck & Steer, 1988)。感到绝望的当事人一般会觉得在自己的生活中存在某种或某些他们不希望出现或者认为不合理的情况,同时他们又觉得这些情况不可能被改变。所以,怀有绝望感的当事人通常很难去展望(甚至只是想象一下)更好的或者不一样的生活会是什么样子。一部分动机式访谈的方法可能很难用于这样的当事人,例如预想("假如你成功地做出了这些改变,那么在5年之后,你的生活可能会是什么样子的呢?")以及做计划("你要更好地控制饮食,那么第一步可以怎么做呢?"),因为这些方法都需要当事人进行一定的想象。关于当事人可能正在体验绝望感的一些表现或迹象,请见下面的"快速查阅"。

快速查阅

当事人表达绝望感的话语

⋄ 我不知道自己为什么还要努力,什么都不管用

⋄ 除非我太太决心戒了,否则我也做不到

> **个案**
>
> 马里奥，36岁，离异，有3个孩子。在初级保健医生的建议和催促下，他来到了戒烟诊所。当从业者询问马里奥对于戒烟有多大信心时，他感叹说自己已经是20年的老烟民了，他也不明白为什么医生觉得他现在能戒烟。马里奥还说他觉得现在不是戒烟的最佳时机，因为现在能让他心情好一些的活动也就只剩下吸烟了。

参考对策1：假想式问题

由于绝望感会干扰当事人展望改变的能力，即不利于他们相信"改变是有可能的"，所以如果从业者直接询问"请想象一下你改变之后的生活会是什么样子的"，那么感到绝望的当事人可能很难回答。此时，"翻正反射"（见第二章）容易乘虚而入，引诱从业者用力说服当事人相信"改变是有可能的"，但这样做可能会使得当事人表达更多的绝望感，即当事人试图说服从业者"改变是不可能的"。而通过使用符合动机式访谈的假想式问题（Miller & Rollnick, 2013），从业者可以帮助当事人"先绕开"绝望感，试着想象假如他们实现了改变，也许生活会有哪些不同，而不是在当事人感到准备就绪或有能力做到之前，从业者就向他们施压，劝说他们抹去绝望的体验。

不符合 / 有些符合 / 符合动机式访谈假想式问题的例子

下面呈现了从业者以不符合动机式访谈、有些符合动机式访谈以及符合动机式访谈的方式对感到绝望的当事人使用假想式问题的例子。

当事人说："我试了，但不行，我根本就不可能戒烟。"

不符合动机式访谈："我不相信这种说法。如果你再努力试一试，我保证你能够想象出如果戒了烟，你的生活会是什么样子的。"

这段话是不符合动机式访谈的，因为从业者针对当事人的绝望感直接面质了对方，责备当事人没有说出实情，也没有投入足够的努力去逼自己好好展望未来。

有些符合动机式访谈："听起来，你非常沮丧。使用辅助戒烟的处方药会不会让你更有信心呢？"

这段话是有些符合动机式访谈的。从业者先做了共情性反映，然后尝试让当事人预想自己某一天戒烟的可能性。不过，从业者使用了封闭式问题，通常只能引出很简短的回答。而且这种提问直接抛出了从业者的方案，没有唤出当事人自己关于改变的理由或方法。

符合动机式访谈："你此刻很难想象自己能够通过努力成功地戒烟。假如，我是说假如，你准备想象一下，你在某些条件下有戒烟的可能了，那么你的生活会有什么不同，或者会有哪些更好的变化呢？"

这段话是符合动机式访谈的，因为从业者先反映了当事人的绝望感，而没有去质疑或挑战这种体验。然后从业者在尊重当事人绝望体验的前提下，柔和地邀请对方假想性地考虑：假如他成功了，生活会是什么样子。这个例子展示了假想式问题的基本用法。

符合动机式访谈："你尝试了这么多次都没有持久的效果，心情一定特别沮丧，甚至很难设想今后不抽烟的情况。那么如果我们只是为了探索一下，马里奥，可以的话，请你想象：假如我这里就有一种神奇的魔法可以让你永远戒烟，那么你的生活会有怎样的改善或不同呢？"

这段话是符合动机式访谈的，因为从业者先讲了支持性的话，并对当事人的绝望感进行了反映。然后从业者使用了另一种形式的假想式问题——有时也被称作"奇迹问句"——邀请当事人，在不需要立刻驱逐自己绝望体验的前提下，考虑改变的可能性。此外，从业者也向当事人表达了不去想象奇迹般的治愈的许可,这也是符合动机式访谈的。

符合动机式访谈:"你对自己能够戒烟不是很有信心。假如能让你对这件事更有信心,那么需要发生些什么或者出现什么条件呢?"

这段话是符合动机式访谈的,因为从业者依然先做了反映。然后从业者又通过假想式问题邀请当事人考虑哪些事物可能有助于他调整自己对于改变可能性的预估和展望。这种形式的假想式问题可以跟在信心尺("如果用一把刻度是1—10的尺子进行测量,那么你对于自己能够戒烟有多大的信心呢?"——见第三章)之后使用,进而向回答没有多少信心的当事人进行提问。

参考对策2: 做计划

正如先前的例子所示,感到绝望的当事人可能很难想象发生改变的景象。同样有证据表明,罹患抑郁障碍的当事人可能在问题解决上也有困难(D'Zurilla & Nezu, 2007)。对于在生活中遇到的重要问题,他们难以制订和执行相应的解决方案,而这些困难可能又会雪上加霜,持续巩固当事人的绝望感,继而让这些经历抑郁的当事人无法充分地投入到动机式访谈的会谈之中。问题解决需要逐步展开一系列步骤,包括设定目标,想出多种方案,然后从中做出选择(D'Zurilla & Golfriend, 1971),这与动机式访谈的计划过程异曲同工。因此,从业者引导当事人参与到符合动机式访谈的计划过程中(见第三章),即由当事人设定目标并与从业者合作性地制订用于达成目标的、可操作的对策与方法,将有助于当事人逐渐建立起"可能改变"的信念。

不符合/有些符合/符合动机式访谈做计划的例子

下面呈现了从业者以不符合动机式访谈、有些符合动机式访谈以及符合动机式访谈的方式与感到绝望的当事人做计划的例子。

当事人说:"我试了,但不行,我根本就不可能戒烟。"

不符合动机式访谈："正好，食品药品监督管理局刚批准了一种戒烟用的新药。我会给你开这个处方药。因为很多当事人都反馈，使用这种药来戒烟要比不使用时容易很多。"

虽然从业者知道并承认当事人之前尝试戒烟时的不容易，进而尝试借助新的处方药来为当事人注入希望，但这段话是非合作性的，所以也是不符合动机式访谈的。从业者为自己预设了专家角色，并将当事人牢牢按在了只能被动接受这些医疗建议的位置上。

有些符合动机式访谈："我这里有一张改变的计划表，咱们可以一起填一填，共同制订一个改变的方案。你觉得怎么样？"

这个回应是有些符合动机式访谈的。从业者提议填写一张改变计划表，并询问了当事人对于这个提议的反馈。如果换成另一种情境，也许这个回应还是很体现合作性的。不过，鉴于当事人先前已经表达出的绝望感，再这样突兀地提议填写表格，从业者的做法就有些既欠缺合作，也欠缺共情了（在回应当事人说自己做不到时，从业者的言辞基本上是在说"那咱们说说你可以如何做到吧"）。

符合动机式访谈："此刻你很难去想象，自己能够通过努力成功地戒烟。我不确定这是否会对你有帮助，但有一些当事人发现，详细具体地描述自己的目标，将可能用到的不同方法逐个讲清楚，会帮助他们感觉更有希望做出改变。我在想，咱们是否也可以来试一试呢？"

这段话是符合动机式访谈的，因为从业者先反映了当事人的绝望感，而没有质疑或挑战这种体验。然后从业者为当事人提供了信息，涉及怎样计划方法和对策，从而更好地提升希望感。这种做法既支持了当事人的自主性，也体现了谈话的合作性，即请当事人自己判断有没有帮助（计划过程详见第三章，改变计划表的例子详见表6.4和表4.1）。

无价值感或内疚感

无价值感或内疚感是抑郁的另一种常见特征，也会影响当事人体验和回应动机式访谈的方式。感到无价值或者过度内疚的当事人可能会花费大量的时间思考他们犯过的错误、他们认为自己存在的缺陷、他们让别人失望的地方，等等。所以，当从业者在动机式访谈的唤出过程中问到"你想要做出这方面改变的原因有哪些？"时，当事人似乎可以辨识并清晰地表达很多理由，而且会充分地展开，以说明自己为什么需要做改变。作为动机式访谈的督导师，我们从自己的督导经验中发现，在听到当事人的这些表达后，从业者很容易将这些话视为动机式访谈进展顺利、有效果而且当事人非常投入治疗的一种证据。但再细看正在经历抑郁的当事人所讲出的内容，通常就会发现，从业者其实并没有帮助当事人辨识改变的理由。相反，从业者邀请当事人分享甚至详细展开的，可能正是大量占据这些当事人思维的、破坏性的、自我贬低的内心独白。所以，如果用"自己攻击自己"来形容抑郁性思维反刍，那么从业者使用动机式访谈来引出并加强当事人详细讲述这些破坏性的自我评价的做法就好比"递给了当事人一把更硕大的船桨①，让他们挥舞起来攻击自己"。提示当事人可能正在经历无价值感或者过度内疚的迹象包括：频频出现或程度极端的自我贬低性言语，比如"我是出什么毛病了？""我这人不太聪明""我应该更了解才对""我不明白为什么大家乐意理我"；频繁或极端的忏悔性言语，比如"我原本不该对她那样刻薄""我又给搞砸了""我一直都在做这样的蠢事"。

---

① 因为动机式访谈核心谈话技巧的首字母缩写为 OARS，在英语中正好对应了"船桨"一词，所以文中用了这样的比喻。——译者注

> **个案**
>
> 马里奥，36岁，离异，有3个孩子。他在继续进行第一次戒烟咨询。当从业者询问他为什么会考虑戒烟时，马里奥低着头，很小声地说，他就是孩子们很差劲的负面榜样，自己真的需要整顿一下生活了，要不然孩子们不跟他过可能会更好。从业者使用了符合动机式访谈的对策，询问道："请再多讲讲，为什么你觉得吸烟是在给孩子们树立负面榜样呢？"马里奥回答说，他从来没有做过正确的事，而且他很确定孩子们根本瞧不起他，不只因为他吸烟，还因为他丢了工作，搞砸了家庭，而且越来越胖了。

参考对策3：预想

如前所述，当从业者针对所导致的问题或负面后果进行询问时，感到自己无价值或过度内疚的当事人可能会给出自我贬低性的回答，而这类表达其实会阻碍而不是促进改变。所以请大家谨记，不但要引导当事人将改变视为必要的，还要引导他们将改变视为可能的。因为从业者可以通过做肯定或者相应的提问，来邀请当事人讲述以往的成功或其优势／强项，从而提升他们的自我效能感（当事人认为自己有完成任务的能力和达成目标的信念；Bandura，1977）；所以，从业者同样也要小心自己的提问可能会导致当事人讲述以往的失败或其劣势不足，从而削弱他们的自我效能感。而且，感到自己无价值或过度内疚的当事人容易认为自己过往的人生满是过错、不足和遗憾，一无是处，一无所成。因此相应地，从业者转而邀请他们聚焦未来也许是更有帮助的。换言之，引导他们关注可能发生的事情，而不是已经发生的事情。如本章上一小节所述，当事人的绝望感会让预想难以展开，所以从业者可能也需要使用假想式问题。

不符合／有些符合／符合动机式访谈预想的例子

下面呈现了从业者以不符合动机式访谈、有些符合动机式访谈以及符合动机式访谈的方式运用预想来处理无价值感或内疚感的例子。

当事人说:"真不敢相信,我会当着孩子们的面在家里抽烟。我真是个差劲的父亲。如果孩子们得了哮喘或者其他什么病,我知道就是我的错。要不我太太怎么跟我分手了呢?什么垃圾父亲会在孩子面前抽烟啊?蠢货,不负责任!可我就这么干了,没法挽回了。"

不符合动机式访谈:"你别想这些了,关注自己现在可以做的吧。"

虽然从业者想尝试安慰当事人,出发点也是至诚为人,但这个回应是不符合动机式访谈的。因为从本质上看,从业者是在命令当事人停止那些想法。这是非合作性的,也没有支持当事人的自主性。

有些符合动机式访谈:"很重要的一点是,你现在来到这里了。咱们来讨论一下这次如何戒烟吧。"

这个回应是有些符合动机式访谈的。从业者试图肯定当事人并将焦点转向了戒烟。不过,从业者并没有尝试理解当事人讲的话,只体现了对于怎样完成戒烟的关注,而对当事人的观点或体会并不感兴趣。

符合动机式访谈:"我听到了你明确、清晰地讲出你对长期吸烟感到很遗憾,其中很大一部分原因是这关系到你如何成为一位好父亲,你非常看重这一点。这一切真的很了不起,体现了无私与责任。请再跟我讲讲,假如你成功戒烟了,你跟孩子们的关系会有哪些不同呢?"

这段话是符合动机式访谈的,有几点原因。第一,从业者先反映了当事人的想法和感受。第二,从业者肯定了当事人对于成为好父亲的看重与珍视。第三,从业者使用了开放式问题来尝试引出当事人表达希望感的改变语句,而不是那些自我贬低性的话语。

参考对策4：肯定

感到自己无价值或过度内疚的当事人可能难以察觉或承认自己的优势／强项以及成功／成绩。而这又蛀蚀了他们的信心，使他们觉得自己无力改变。在与这样的当事人工作时，从业者务必特别留意他们可能讲出的任何隐约体现其积极品质、优势／强项或以往的成功／成绩的事情。对感到无价值或过度内疚的当事人做肯定，通常需要以一种更为客观和积极的视角将他们表述的"不足"或"失败"进行重构。

不符合／有些符合／符合动机式访谈肯定的例子

下面呈现了从业者以不符合动机式访谈、有些符合动机式访谈以及符合动机式访谈的方式运用肯定来处理无价值感或内疚感的例子。

当事人说："真不敢相信，我会当着孩子们的面在家里抽烟。我真是个差劲的父亲。如果孩子们得了哮喘或者其他什么病，我知道就是我的错。要不我太太怎么跟我分手了呢？什么垃圾父亲会在孩子面前抽烟啊？蠢货，不负责任！可我就这么干了，没法挽回了。"

不符合动机式访谈："确实，二手烟对孩子们真的很有害。所以在你戒烟之前，我觉得你的前妻不让孩子们再跟着你也是对的。"

这段话是不符合动机式访谈的。因为从业者就吸烟问题直接面质了当事人。这样的回应也缺少了合作及至诚为人，因为从业者表达出更关心和在意的是当事人的前妻及孩子们，而不是当事人。

有些符合动机式访谈："很重要的一点是，你现在来到这里了。"

这个回应是有些符合动机式访谈的。虽然从业者试图肯定当事人，但所用措辞可能会让当事人感到不太共情，或者在一定程度上忽略了他的看法。因为从当事人的话里可以明显看出，他所看重的是吸烟对家庭的影响。

符合动机式访谈："你如此认真地对待父亲的角色与责任，这让人印象深刻。我知道你之前尝试过戒烟，并没有如希望的那样顺利，但你现在如此认真地对待这件事，这股子认真劲儿不是人人都有的。"

　　这段话是符合动机式访谈的。从业者在当事人自我贬低性的话语背后发现并肯定了他的积极品质以及他所看重和珍视的内容。这些肯定也会帮助当事人不再将自己视为"垃圾"，而是更多地将自己看作"并非完人，同时也有能力做改变"。

　　符合动机式访谈："你真的在全力投入，想要成为一位好父亲。请再跟我讲讲，你身上类似这种为了家庭'全力投入'的其他品质，或许也是可以帮助你戒烟的。"

　　这段话是符合动机式访谈的。因为从业者肯定了当事人的优势／强项。这段话也在明确、清晰地鼓励当事人发现和辨识他此刻可能还没有意识到的自身优势／强项。

难以专注

　　专注一般是指一个人将自己的注意力或思考集中在某个特定的对象或活动上，并且不会分心的一种能力（Lezak，1995）。难以专注通常会影响一个人学习新的信息。例如，你在阅读本书的过程中，思绪有时可能飘向了其他主题（例如，"有个邮件，我明天可别忘了回复"），或者你会去注意身边环境的变化（例如，"天越来越阴了，肯定会有一场大雨"）。当觉察到自己分心，并将思绪拉回到书上时，你可能已经想不起自己在刚刚过去的几分钟里读到哪些内容了。同样，难以专注也会妨碍一个人在社交情境中做出恰当且有效的回应。例如，在写作本书时，我（朱莉·A.舒马赫）就有好几次一边写书，一边接听我丈夫的电话。因为我想思路连贯地落笔输出，不想中断，所以我就一心多用了，一边跟我丈夫聊着电话，一边在键盘上把想写的东西敲出来。然后自不必说，我丈夫注意到了（他发起了牢骚！）。我在说话时有了不恰当的长停顿，他问我事情，我有时回答得前言不搭后语，偶尔我还得请他再说一遍刚刚说过的话。虽然这不是抑郁独有的特征，但罹患抑郁障碍的当事人通常会报告自己很难专注。经历过度担忧（广泛性焦虑障碍）、创伤后应激障碍、注意缺陷／多动障碍以及其他一些精神障碍的当事人，也可能出现难以专注的情况。关于当事人难以专注的表现或迹象，请见"快速查阅"。

> **快速查阅**
>
> **当事人难以专注的迹象**
> - 频繁地要求从业者重复信息或提问
> - 当被问及本次会谈已经谈过哪些内容时，答不上来
> - 看起来像在发呆或走神
> - 思路中断

> **个案**
>
> 　　马里奥，36岁，离异，有3个孩子。他还在戒烟诊所继续进行这次初接会谈，从业者询问了他的吸烟史。马里奥讲起了他如何从16岁起就偷拿父亲的烟去抽；他也会从当地一家便利店买烟抽，因为这家店好像也不在意卖烟给未成年人。然后他停顿了一会儿，一脸茫然地问道："抱歉，你刚刚的问题是什么？"

参考对策5：摘要

　　如第二章所述，动机式访谈的核心技巧包括开放式问题、肯定、反映和摘要。罗森格伦（Rosengren，2009）概述了在与当事人交流时使用动机式访谈摘要的三种用途：（1）汇集当事人讲过的重要内容（如改变语句）；（2）将当事人现在说的话与他们之前说过的话进行连接；（3）将谈话过渡到新话题或新的动机式访谈过程（例如，从唤出过程转向计划过程）。以我们的经验来看，摘要还可以帮助难以专注的当事人更好地参与谈话。对于难以专注的当事人，

汇集性摘要不但可以强化之前讨论过的内容，而且可以协助他们把握会谈的内容，避免遗漏。连接性摘要和过渡性摘要可以协助当事人总结谈话的结论，或者帮助他们连接前前后后的内容——因为分心，这些可能是他们在会谈中难以做到的。

不符合 / 有些符合 / 符合动机式访谈摘要的例子

下面呈现了从业者运用摘要来帮助难以专注的当事人更充分地参与谈话的例子。

当事人说："抱歉，你刚刚的问题是什么？"

不符合动机式访谈："马里奥，你真的需要专注在咱们现在正在进行的事情上。我刚才是请你讲讲你的吸烟史。"

这段话是不符合动机式访谈的。因为从业者除了重复刚才的提问，还就不专注的情况面质了当事人。从业者在居高临下地与当事人进行家长式谈话，可能已经落入了专家陷阱。

不符合动机式访谈："你不用纠结这些。咱们接着聊下一个问题就好。"

虽然从业者表达了对于当事人担心自己不能专注的同情，但这段话是非合作性的。当事人请求从业者再问一遍刚才的问题，而从业者实际上忽略了这个请求，并完全控制着会谈的方向。

有些符合动机式访谈："请讲一讲你的吸烟史。"

这个回应是有些符合动机式访谈的。当事人问了一个问题，从业者予以回答。动机式访谈会将回答问题视为"提供信息"的一种形式。不过，就此刻的谈话情境来看，这种随口答应的简单回应可能体现出从业者对于当事人正在经历的专注困难缺少共情性觉察。

符合动机式访谈:"我刚才是请你讲讲你的吸烟史,然后你告诉了我,你从16岁起就开始抽爸爸的烟了,而且会在一家不查身份证的便利店买烟抽。"

这段话是符合动机式访谈的摘要。这是对当事人提问的合作性回应,旨在帮助当事人充分地参与到谈话之中。

参考对策6:使用符合动机式访谈的书面素材

虽然在符合动机式访谈的从业者与当事人的谈话中,书面形式的改变方案、权衡决策表、准备尺以及讲义素材仅做备用,但我们也发现有很多当事人无论其专注能力如何,都乐于收到这类素材。因为这些素材可以帮助当事人回忆和回顾与从业者的会谈要点。例如,我(朱莉·A. 舒马赫)在一家社区住宿式物质滥用治疗机构督导心理系实习生做动机式访谈。接受实习生服务的一些当事人报告说他们会把自己的改变计划表贴在床头。他们说喜欢每天都看一下自己的目标和方案,从而提醒自己。实际上,这些书面素材对当事人如此有帮助,是颇耐人寻味的;因为他们才进行了1小时动机式访谈,这只不过是他们所接受的100多小时的各种治疗中的一小部分;而动机式访谈的改变计划表也只是他们待在机构的6周中所收到的治疗相关书面素材中的九牛一毛。我们还发现,这类素材对于难以专注的当事人特别有帮助,因为相比于其他当事人,他们更有可能记不住会谈的要点。

不符合 / 有些符合 / 符合动机式访谈的书面素材的例子

下面呈现了从业者为帮助当事人处理注意力不集中的问题而提供的几种书面素材的例子。

不符合动机式访谈

- 任何不符合当事人对于自身处境、情况或环境之判断的评判性或标签性素材。例如,从业者将描述"酗酒迹象"的材料递给了认为"自己喝得多,但绝对不算酗酒"的当事人。

- 任何未经当事人合作参与或许可同意就给出的方案性或建议性素材。例如，从业者将"节食指南"传单递给了当事人，并告知对方要遵循，而没有询问当事人是否需要这些材料，也没有许可对方可以不使用这些材料，比如"你可能会觉得这些素材有帮助，或者帮助不大"。

有些符合动机式访谈
- 以客观、非标签化的方式提供信息且与当事人的自我知觉相符的书面素材，但未经当事人的请求就直接提供了，也没有许可当事人可以不使用这些材料。

符合动机式访谈
- 会谈／咨询／会面的议题可以协商，并以书面或口头的形式呈现出来。待从业者与当事人商定议题后，将一份书面版的议题清单放置在双方面前，可以帮助难以专注的当事人在谈话中更好地聚焦。书面版议题清单的示例请见梅森和巴特勒的著述（Mason & Butler, 2010）。
- 准备尺既是评估工具，也是一种唤出改变语句的技术（Rollnick, Miller, & Butler, 2008）。从业者可通过口头或书面的形式使用这些尺子。对于难以专注的或者可能从该练习记录中受益的当事人，从业者可以使用书面形式的准备尺／量尺问句，即写下当事人的评分以及他们给出这些分数的原因（见表6.1）。
- 权衡决策（Janis & Mann, 1977）曾被认为是一种动机式访谈用于唤出改变语句的方法（Miller & Rollnick, 2002），但现在动机式访谈将它作为一种保持中立的方法，来协助当事人决定是否要改变（Miller & Rollnick, 2013）。权衡决策会请当事人充分、明晰地表达改变的理由和维持现状的理由。这个练习通常会落在纸面上，从而帮助当事人总结他们考虑到的所有因素。权衡决策表的填写示例请见表6.2。请注意，如果大家想要使用这个方法，其实不需要使用现成的表——我们通常会拿一张白纸，在

表6.1 准备尺的书面素材示例

我想做的改变：_____

这里有一把尺子，刻度为1—10，1代表"完全不重要"，10代表"极为重要"。这个改变对我的重要性是（请圈选一个数字）：

1　　2　　3　　4　　5　　6　　7　　8　　9　　10

我的选择是_____，我选择这个分数而不是一个更低分数的原因是：

1.
2.
3.
4.
5.

这里有一把尺子，刻度为1—10，1代表"完全没信心"，10代表"极有信心"。对于自己能够做到这个改变，我的信心是（请圈选一个数字）：

1　　2　　3　　4　　5　　6　　7　　8　　9　　10

我的选择是_____，我选择这个分数而不是一个更低分数的原因是：

1.
2.
3.
4.
5.

纸的中心位置画一个大大的十字以分出四个区域，并为每个区域写上相应的标题。

- 在动机式访谈的计划过程中，当事人和从业者会协力完成一张改变计划表，旨在帮助当事人回忆自己方案中的要点。改变计划表的内容可包括：当事人想做的改变、相应的理由、要采取的步骤或方法、所需的支持（如协助者、治疗项目、书籍等）、怎样评估计划，以及在该计划未能帮助当事人实现目标时做出调整（Miller & Rollnick，2002）。改变计划表的示例请见表4.1、表6.4以及表7.1。

表6.2　权衡决策的书面素材示例

戒烟的好处（利）	继续吸烟的好处（利）
本区域通常包括改变目标行为（吸烟）会带来的正面结果	本区域通常包括目标行为（吸烟）所带来的正面结果
·"我好好活着，看着孩子们结婚成家" ·"我打算戒烟已经10多年了" ·"我能省下每年吸烟的钱，带孩子们去迪士尼乐园玩"	·"吸烟可以帮我放松" ·"我喜欢吸烟，很享受"
戒烟的坏处（弊）	**继续吸烟的坏处（弊）**
本区域通常包括改变目标行为（吸烟）会带来的负面结果	本区域通常包括目标行为（吸烟）所带来的负面结果
·"现在还不是时候——我现在压力很大"	·"医生很担心我的健康" ·"我的孩子们讨厌烟味" ·"我工作的地方禁止吸烟" ·"香烟还是很贵的"

对活动缺乏兴趣

当事人对活动缺乏兴趣是抑郁的另一个特征，这也会造成独特的临床挑战。尤其严重的是，罹患抑郁障碍的人也会对自己曾经喜爱的活动失去兴趣或者无法再感受到快乐。虽然很多人在面对艰难的行为改变时，例如，开始锻炼、开始节食、戒烟或求职，也都没有兴趣或内部动机投身于那些不能立刻获得奖赏或快感的活动（不过这些活动确实有助于达成既定目标）；但是对于那些立刻就能获得奖赏或快感的活动，大多数人还是会去做的，在这方面不会有困难。例如，虽然我（朱莉·A. 舒马赫）很看重这本书，完成写作也是我的目标，但我有时也会觉得难以饱含兴趣地坐下来投入写书。相反，我倒是没怎么发现，当我在最爱的快餐店吃薯条、看通俗小说、做按摩或者修指甲时，自己也会兴致不高。这些活动跟长远的生活目标都没多大关系，但我很喜欢，很享受。而形成对比的是，经历抑郁发作的当事人对于那些普遍能带来快感的活动可能也很难感兴趣或从中获得快乐。例如，正在经历抑郁发作的人可能没有兴趣跟我一起去快餐店吃薯条、喝奶昔，虽然他平时比我还喜欢这些。相反，他可能会认定："我根本就不喜欢这些。"当事人对活动缺乏兴趣，相应的迹象可能有：(1) 参加的活动减少了；(2) 当被问及喜欢做什么时，给不出意见，提不出选项；(3) 直接说了类似这样的话，"我好像对什么都不再感兴趣了"。

> **个案**
>
> 马里奥，36 岁，离异，有 3 个孩子。他在和从业者一起协作制订戒烟的方案。从业者建议他找找哪些事物可以作为每天达成戒烟的奖励。在许久的沉默之后，从业者解释说很多人都发现给自己一些奖励可以帮助自己巩固改变，比如，打 30 分钟的电子游戏或去社交网站冲浪，吃点特别的食物（如一根迷你巧克力棒或一包薯片），或者请亲人称赞自己每天成功地付出的努力。马里奥反复思索着从业者的建议，然后说他现在想不到有什么是他真正感兴趣的，或者能起到奖励作用的。

虽然从业者试图提供支持，并且帮助当事人找到可以强化戒烟的活动，但这样的讨论可能会陷入循环。从业者越是沉溺于"翻正反射"或建议采用何种奖励，当事人就越会坚持自己"想不到"的主张。所以对于罹患抑郁症的当事人，从业者可能需要聚焦这个人在没有经历抑郁时的一些时刻，从而找到奖励性活动、当事人喜爱的事物或者他们的优势/强项。

参考对策7：回顾过去

正在经历抑郁的当事人，可能在当下无法找到让自己感到快乐的活动。不过，尝试引出他们在没有经历抑郁时所喜爱的事物和感到快乐的活动，往往是有帮助的。因此，"回顾过去"这种符合动机式访谈的对策可能是有帮助的（Miller & Rollnick，2013）。

不符合 / 有些符合 / 符合动机式访谈回顾过去的例子

下面呈现了从业者运用回顾过去来处理当事人现在对活动缺乏兴趣的例子。当事人说："我现在想不到有什么是我喜欢做的。"

不符合动机式访谈："马里奥，我们每个人都有自己喜欢做的活动。你喜欢什么呢？"

这个回应是不符合动机式访谈的。因为从业者实际上否定了当事人的说法，而且无视了对方的困难。从业者落入了专家陷阱，这种回应可能引不出任何建设性内容，反而更有可能引出持续语句。

有些符合动机式访谈："在离婚前，你喜欢做什么呢？"

这个回应是有些符合动机式访谈的。从业者通过一个开放式问题来帮助当事人识别和确认他曾经的喜好。不过，从业者在提问之前并没有先反映当事人讲的话，从而失去了表达共情的机会。所以，没有理解（反映）当事人的难处就直接继续提问，可能会让当事人觉得这样的连续提问是缺少合作的。

符合动机式访谈："马里奥，我明白，你很想找出自己现在喜欢的事物，但也真的很难，这让你感到受挫。我也在想，如果咱们回顾一下你离婚前的时光，那时你的心情好很多，你也在做更多的事，这样会不会有帮助？你在那段时间有哪些喜好呢？"

这段话是符合动机式访谈的。从业者先尝试理解了当事人"没有喜好之物"的状态和感受。然后，从业者关注了当事人以往不抑郁的时光，并邀请对方回顾彼时，分享发现。

临床挑战2：焦虑、创伤相关及强迫障碍

情况描述

根据第五版《精神障碍诊断与统计手册》（*Diagnostic and Statistical Manual of Mental Disorders*）的定义，"焦虑障碍涵盖了那些共同具有过度恐惧、焦虑以及相关行为紊乱特征的障碍"（American Psychiatric Association，2013，p. 189）。"回避"是许多焦虑障碍普遍具有的一种行为紊乱。这种特征也常见于被旧版《精神障碍诊断与统计手册》归类为焦虑障碍的一些障碍，例如强迫症和创伤后应激障碍（American Psychiatric Association，2000，2013）。回避是指：个体努力避开那些会引发不愉快情绪（尤其是恐惧或焦虑情绪）的人、情境、刺激、想法或者感受。例如，一个对蛇有特定恐惧症的人会回避看蛇的照片或图片；回避去动物园、自然博物馆或宠物店等可能有蛇出现的地方；回避在夜晚外出或在白天不穿防护靴外出，以防遇到蛇。

回避是治疗焦虑障碍时的一个关注点，因为有证据表明，虽然回避可以在短期内缓解焦虑，但长期来看，回避其实会维持甚至加剧焦虑（如Clark，1999）。例如，一个对蛇有特定恐惧症的人在电话里听到邻居说早上在她（邻居）家院子里发现了一条无毒的草蛇，这人立刻就跑回屋子锁上了门。这样做可能会让他即刻缓解焦虑，但长此以往，他可能会彻底回避露台和后院，甚至最后都不肯出门了，除非穿上防护靴。

回避会带来临床上的挑战，因为在很多最为有效的治疗特定恐惧症、强迫症以及创伤后应激障碍的疗法中都含有暴露干预（Doyle & Pollack，2003）。暴露干预会安排一个本来回避某些情境、人、刺激、想法或感受（因为这些会引发此人强烈的焦虑或恐惧反应）的人特意去接触这些情境、人、刺激、想法

或感受，并耐受这种强烈的焦虑或恐惧（Hofmann & Smits，2008）。所以，无论大家是否与罹患焦虑、创伤相关或强迫障碍的当事人工作过，是否看过讲述暴露治疗的纪录片，是否有朋友或家人罹患过此类障碍，或者是否亲身经历过焦虑或相关障碍，甚至就算没有这方面的直接经验，你们可能都不难想象建立动机并完成暴露治疗是一项多么艰巨的挑战。多年以来，对于很多接受暴露治疗的当事人，我们都很钦佩对方的勇气；同时我们也发现，符合动机式访谈的方法或对策有很多都可以帮助这些当事人找寻到自己的动机与勇气以完成暴露治疗，从而改善生活并重拾人生。

> **个案**
>
> 贾迈勒，男，32岁。在一起汽车事故中，司机身亡，贾迈勒受了重伤，之后他被确诊为创伤后应激障碍。自事故之后，贾迈勒就无法在高速公路、在天黑后或在不熟悉的街区开车了。而且一看到黑色轿车（出车祸的车辆正是黑色轿车），或者一听到爵士乐（发生车祸时，贾迈勒和司机正在听广播里的爵士乐），他就会非常不安。一位社工为贾迈勒获得的诊断以及暴露治疗提供了信息。贾迈勒表示，创伤后应激障碍的这些症状毁掉了自己的生活。他说只要能克服这个问题，摆脱这些症状，自己什么都愿意做。不过，在暴露治疗刚刚开始后，贾迈勒就说他也不确定还要不要继续做这种治疗了，并且他试图说服社工，声称"患有创伤后应激障碍其实也没有那么糟糕"。

正如此例所示，回避会干扰当事人完成暴露治疗，即使他们在最初了解这种治疗时没有表现出一丝一毫的犹豫，也没有提出任何顾虑。我们在自己的工作中也发现，并非所有当事人都会表达关于自己能否耐受暴露治疗的疑虑。实际上，还有相当一部分人对自己耐受暴露的能力表达了不切实际的乐观，认为这对自己没有什么难度。虽然在细心关照、至诚为人以及业务水准到位的专业人员的帮助下，只有极少数情况会被视为暴露干预的禁忌（例如，van Minnen, Harned, Zoellner, & Mills, 2012），但鉴于焦虑、创伤相关及强迫障碍的性质，以及暴露治疗的特点，如果我们指望大多数当事人没有痛苦或回避，这是不切实际的。因此，我们列举了一些符合动机式访谈的对策，以帮助当事人为暴露治疗设定更现实的预期（也请参见第五章）。

与焦虑有关的回避会干扰到各种干预和服务的有效提供，而不仅仅是暴露治疗（Westra，2012）。罹患社交焦虑的人对于某种或某些可能会使自己受到他人评价的社交情境感到强烈的恐惧或焦虑。这种恐惧或焦虑源于他们的一种信念，即认为自己的言行在这些可怕的社交情境中会遭到别人的负面评价。所以他们会回避这些情境，或者是在极度的恐惧与焦虑中备受煎熬地忍受着这些情境（American Psychiatric Association，2013）。例如，罹患社交焦虑的人可能会回避打电话、按时赴约、在小组或团体中发言、主动参加一对一的会面。对于任何可以运用动机式访谈的助人领域来说，这种恐惧、焦虑以及回避都可能干扰当事人的充分参与，例如干扰当事人与缓刑监督官的会谈、与家庭保健医生的预约会面以及当事人参加的物质滥用治疗团体。我们通过自己的动机式访谈临床工作经验，以及我们督导别人进行动机式访谈实务工作的经验，找到了一些动机式访谈的对策，可用于帮助因为社交焦虑而回避治疗的当事人。

个案

桑贾伊，男，18岁，受困于社交焦虑。他被转介来见学校心理咨询师，以探讨他缺课增多以及学业表现不佳的问题。据桑贾伊的老师说，他经常低头看桌子或摆弄笔，在课堂上从来不举手，不参加课堂讨论，他在被点到名回答问题或者要向全班呈现某些内容时，好像也总是一副没有准备的样子。学校心理咨询师在与桑贾伊的探讨中发现，他今年有好几门课都需要做演讲，而他的政治学老师（一位前法学教授）经常随机叫学生回答问题，而且期待学生都能给出正确的答案。桑贾伊说，一想到上台演讲和上政治学课，他就心跳加速，觉得自己肯定会在全班同学面前"显眼""搞砸"，然后大家都会觉得他很笨，都会笑话他。

参考对策1：共情性倾听

我们在和并非专业从事心理健康工作的社区从业者（有时甚至包括专业从事心理健康工作的从业者）的合作中发现，当事人因为社交焦虑而导致的不参与，常会被从业者误判为动机不足或意志薄弱。比如，在读到上面例子中的描述时，你可能心里在想："站出来面向一群人讲话、发言，谁都会感到心跳加速吧？"或者"看见那种特别可怕的蛇或蜘蛛，谁都会吓一哆嗦吧？"就如之前提到的抑郁一样，虽然我们每一个人偶尔也会体验到恐惧或焦虑，但需要注意的是，在焦虑障碍中，这些体验会更密集、更强烈，同时也会造成更大的损害（American Psychiatric Association，2013）。所以，从业者务必共情地倾听，并尝试理解当事人的焦虑体验，而不是套用自己经历过的焦虑体验，想当然地认为自己就是通晓当事人经验的专家。而且，就算从业者也曾罹患过与当事人一样的障碍，也需坚持以上做法（想了解更多关于从业者在跟和自己相似的当事人工作时会遇到的特别挑战，请见第八章）。

不符合 / 有些符合 / 符合动机式访谈共情性倾听的例子

下面呈现了从业者运用共情性倾听来理解焦虑会如何影响当事人缺课的例子。

当事人说："我会讲出一些很傻很笨的话，被大家笑话。"

不符合动机式访谈："桑贾伊，谁都有紧张的时候。你要相信自己，把话自信地讲出来。"

虽然从业者可能想对当事人表达温情和体恤，但这段话是不符合动机式访谈的。因为从业者没有反映当事人的顾虑以表达共情；相反，他试图通过提供信息来绕过当事人的顾虑。然后，从业者又在告诉当事人要怎么做，这是缺少合作的，也没有支持当事人的自主性。

有些符合动机式访谈："你觉得，怎样才能让自己在课堂发言时不那么紧张呢？"

这个回应是有些符合动机式访谈的。从业者使用开放式问题邀请当事人分享自己的观点。不过，从业者既没有充分了解和真正理解当事人的焦虑体验，也没有关注和理解当事人对于使用相应方法来缓解焦虑的执行动机。

符合动机式访谈："你真的很担心如果自己在课堂上发言，同学们可能会对你有不好的看法。"

这个回应是符合动机式访谈的。因为从业者共情性地反映了当事人的感受与顾虑，没有忽视和回避这些体验，也没有给当事人施压以令他接受新的视角。

符合动机式访谈："所以假如你可以更有信心地认为别的同学不会笑话你，你可能就更愿意参与课堂讨论了。"

这个回应也是符合动机式访谈的，而且也是一种共情性的倾听。这个反映要比前一个更复杂，从业者在此处将当事人的顾虑重构为一个潜在的干预目标。也正是通过这种反映（重构），从业者协助当事人开始考虑改变是有可能的。

参考对策2：评估反馈

我们与罹患焦虑、创伤相关及强迫障碍的当事人工作，并且已经发现：以符合动机式访谈的方式提供对当事人的诊断评估反馈对于很多当事人是有帮助的（如Miller, Zweben, DiClemente, & Rychtarik, 1992）。例如，最近有一项临床随机对照试验对共病酒精使用障碍和创伤后应激障碍的当事人进行治疗干预，该试验就使用了动机式访谈作为治疗中的前期干预（Coffey et al., 2013）。我们发现，首批参与这项研究的被试在接受了针对创伤后应激障碍的治疗后，难以清晰地讲出治疗收益，因为他们并没有意识到自己所经历的这一系列令人痛苦且干扰生活的症状皆在其创伤后应激障碍的诊断中有迹可循。不过，一旦向他们提供了有关诊断的客观信息，包括针对诊断评估的反馈，被试就可以清晰地表达出：(1) 与创伤后应激障碍有关的症状、痛苦及损害如何给自己的生活造成了负面影响；(2) 假如自己的治疗成功了，不再承受创伤后应激障碍的这些症状、痛苦及损害了，那么自己的生活会如何变得更加美好、丰富和充实。

不符合 / 有些符合 / 符合动机式访谈评估反馈的例子

回到贾迈勒的例子上，他因为一场车祸罹患了创伤后应激障碍。下面呈现了从业者如何运用评估反馈来帮助罹患焦虑、创伤相关或强迫障碍的当事人建立充足的动机以参与治疗并减轻症状。

当事人说："车祸之后，我的生活就全毁了。"

不符合动机式访谈："如果你想恢复原来的生活，找回原来的状态，那我推荐你参加一种治疗，叫暴露治疗。"

这个回应是不符合动机式访谈的，有几点原因。第一，从业者并未征求许可就直接给出了建议，这样做不利于合作，而且可能会削弱当事人的自主感。第二，从业者没有对当事人明显的焦虑感表达共情。

有些符合动机式访谈："你得了一种叫创伤后应激障碍的心理障碍，这也是自车祸之后你一直如此挣扎和煎熬的原因。你可以做一种治疗，叫暴露治疗，它会帮你克服和解决这些问题。"

这个回应是有些符合动机式访谈的。从业者为当事人提供了有关其状况的客观信息。不过，从业者既没有先征求许可，也没有在给出信息后征询当事人的反馈。而且，从业者没有唤出当事人的治疗动机，就直接跳到了计划过程（给出了一种治疗方法）。

符合动机式访谈:"贾迈勒,你看我是否可以跟你分享一些信息呢?是对于你的评估结果的反馈,这也许可以帮助你更好地理解为什么你自从车祸之后就生活得这样艰辛。"

这个回应是符合动机式访谈的。因为从业者先就提供信息征求了当事人的许可,这样做不但支持了当事人的自主性,而且就这场让当事人失去了朋友并改变了其生活的车祸,以及随之而来的困境,向当事人表达了同情与共情。

表6.3给出了一个符合动机式访谈的创伤后应激障碍评估的书面反馈示例。这样的评估反馈无论以口头的形式还是以书面的形式解析相应的信息,都有助于当事人最大限度地吸收和利用这些信息(如Miller et al., 1992)。

表6.3 创伤后应激障碍评估的客观书面反馈示例

创伤后应激障碍评估结果

你生活中的创伤事件

_____ _____ _____

_____ _____ _____

_____ _____ _____

你的创伤症状

创伤后应激障碍的诊断:是____ 否____

回避的症状:_____

反复体验的症状:_____

高唤起的症状:_____

创伤症状的总体严重性:轻微____ 中度____ 严重____ 非常严重____

参考对策3:唤出

对于罹患焦虑、创伤相关或强迫障碍的当事人,从业者往往会推荐暴露治疗。从业者运用符合动机式访谈的唤出式问题可以帮助当事人清晰地讲出他们的改变理由，这将有助于他们培养动机、储备力量，从而克服自己的回避并投入到治疗之中（Westra，2012）。在当事人接收到评估反馈或其他信息之后安排唤出式问题是最为可行的，因为这些信息会帮助当事人清楚地理解自己所经历的症状与相应的诊断之间有什么关系。

不符合／有些符合／符合动机式访谈唤出的例子

下面呈现了从业者可以如何运用唤出式问题，来帮助当事人建立充足的动机去克服回避并参与治疗。

当事人说："车祸之后，我的生活就全毁了。"

不符合动机式访谈："嗯，贾迈勒，我这里倒是有一些积极的信息。我可以为你提供一种非常有效的治疗，它会帮人们走出类似车祸这样的创伤事件。"

这段话是不符合动机式访谈的，因为从业者没有唤出当事人对于改变的愿望、能力、理由、需要或决心／承诺。相反，从业者想当然地认为，既然当事人说了自己的生活被毁，那么他的动机已经充足，所以直接跳到了计划过程。而这样的计划过程也是不符合动机式访谈的，因为没有合作：这是由从业者开具的治疗方案，而不是邀请当事人一起参与，共同决定哪种治疗可能最适合自己。

有些符合动机式访谈："你想要讨论相应的治疗选项吗？可以帮助你恢复原来的生活。"

这个回应是有些符合动机式访谈的。从业者先就是否讨论治疗选项征求了当事人的许可。通过征求许可和使用"选项"这一措辞，从业者促进了双方的合作，并提升了当事人的自主性。不过，从业者没有唤出当事人对于改变的愿望、能力、理由、需要或决心／承诺，就直接转入了讨论治疗方案的计划过程。而且，从业者使用的是封闭式问题，当事人可能只会给出很简短的回应。

符合动机式访谈:"这给你造成了深深的影响,你一定过得很辛苦。请跟我讲讲自从车祸以来,你的生活发生了怎样的变化,或者出现了哪些不太好的方面。"

这个回应是符合动机式访谈的。从业者先共情性地反映了当事人讲到的"生活全毁了"。然后,从业者邀请当事人更详细地展开说明车祸给他造成的负面影响。这样一来,从业者就更有机会唤出当事人的改变语句了,而当事人讲出的改变语句越多,他就越有可能下定决心投入治疗(Amrhein, Miller, Yahne, Palmer, & Fulcher, 2003)。

参考对策4:提供选项

如第二章所述,"接纳"是动机式访谈精神的一个组成部分,而"接纳"包含着"支持自主性",即从业者支持当事人有权选择最适合自己的行动方案(也请参见 Miller & Rollnick, 2013)。所以在双方讨论治疗时,遵循动机式访谈风格的从业者会为当事人提供选项,并给出相应的客观信息,即每一种选项的利弊。然后,从业者会与当事人合作性地共同决定哪种行动方案是最合适的,从业者也会始终谨记:关于当事人要做什么或不做什么,他们自己才是最终的决策者。就如我(朱莉·A. 舒马赫)在给医学生讲授动机式访谈的原理与实践时,每一年都会强调:无论关于疗效的文献和实践指南怎么说,如果当事人不依从或遵循某种治疗,该治疗对于这位当事人而言可能就不是最合适的。

要治疗焦虑、创伤相关及强迫障碍,当事人有很多种选择,包括不做治疗、服用药物、选择认知或行为疗法以及支持性疗法。从业者需要知晓疗效数据和实践指南,从而为当事人提供客观准确的信息:关于选择特定的干预、完成两次治疗之间的练习和/或在完成治疗前脱落,以及所产生的作用与影响。请大家谨记,虽然从业者分享自己的专业意见是符合动机式访谈的(例如,"最终的决定还是取决于你自己,同时我的专业意见是:比起服药,认知行为疗法也许是你更好的选择"),但将这些意见强加给当事人就不符合动机式访谈了（例如，"认知行为疗法就是最适合你的"）。

不符合 / 有些符合 / 符合动机式访谈提供选项的例子

回到桑贾伊的例子，他18岁，有社交焦虑。下面呈现了从业者如何以不符合动机式访谈、有些符合动机式访谈以及符合动机式访谈的方式为当事人提供选项。

当事人说："我不理解，为什么我一定要高中毕业？我爸就没毕业，他在建筑行业也蛮挣钱的。"

不符合动机式访谈："时代已经变了，桑贾伊。现在没有文凭的话，人是很难生存的。"

这段话是不符合动机式访谈的。因为从业者没有共情性地倾听和理解当事人的观点，也没有邀请对方更多地分享，就直接面质了当事人的看法，并把自己的观点强加给对方。

有些符合动机式访谈："从高中辍学，这确实是一种选择。"

这个回应是有些符合动机式访谈的。从业者承认"辍学是一种选择"，从而支持了当事人的自主性。不过，从业者并没有提供其他的选项来帮助当事人朝着他自己希望的方向发展。虽然这位当事人（桑贾伊）表达了辍学的愿望，但这个愿望似乎在很大程度上受到了以下信念的驱使：只有辍学，才能减轻我的焦虑。正如米勒和罗尔尼克所言（Miller & Rollnick, 2013），当从业者运用动机式访谈时，会有那么一些时刻，可以帮助当事人考量最符合他们自身利益的一些目标，即便这些目标最初是他们所不以为然的。

符合动机式访谈："确实，桑贾伊，这些体验已经变得让你越发难以承受了，同时，你觉得自己也需要对此做些什么了。要处理这个问题，你有很多的选项，而辍学确实也是其中的一种选择。作为学校的心理咨询师，我会协助你全面考虑，选出最适合你的解决方案。我想到了一些，不知道你认为有没有帮助，比如：你自己或跟父母一起学习一些方法和技巧，用来处理上课时的焦虑感；或者和医生沟通一下，如何通过服药来帮你管理这种焦虑；或者跟老师约时间讨论一下你目前的困难，并寻求他们的帮助；再或者跟遇到过同样问题的同学聊一聊，听听他们是如何处理的。我会跟你讲讲我所知道的这些选项各自的利弊，不过在这之前，我想先听听你对于以上这些选项的看法。还有你可能想到的其他选项，也是可以纳入这个备选清单的。"

这段话是符合动机式访谈的，因为从业者先进行了共情性反映，然后支持了当事人选择自己的解决方案的自主性。而且，从业者没有立刻告诉当事人她所认为的最佳方案，而是先列出了备选项，并征询当事人对此的意见，这些做法也是符合动机式访谈的。

参考对策5：强调当事人的个人掌控

治疗焦虑、创伤相关及强迫障碍的许多从业者都认识到了"回避"是当事人的一种症状，所以感觉很有必要推动当事人处理或克服此类回避，而如果相应的做法没有支持当事人的自主性，就背离了合作，也是不符合动机式访谈的。虽然这对于很多从业者而言可能是违反直觉的，但我们确实发现，在当事人很难参与治疗时强调他们的个人掌控，反而会非常有助于他们克服回避。根据我们的经验，那些对于自己能否承受治疗感觉含糊的当事人，每当要在会谈中进行暴露练习时，几乎总会声明对继续治疗感到不确定和不情愿。当然，我们作为从业者会回应当事人：支持他们自主选择在这一次会谈中做什么或不做什么。

不符合/有些符合/符合动机式访谈强调当事人的个人掌控的例子

回到贾迈勒的例子上，他因为一场车祸而罹患了创伤后应激障碍。下面呈现了从业者如何通过强调当事人的个人掌控来应对"当事人回避"这一临床挑战。

当事人说："我也不知道自己能不能受得住今天的暴露治疗。"

不符合动机式访谈："贾迈勒，你一定要坚持住，这很重要。"

这个回应是不符合动机式访谈的，因为从业者并未接纳当事人的顾虑，也没有支持其自主性，而是就对方不情愿参与治疗进行了直接的面质。

有些符合动机式访谈："贾迈勒，为什么你不能承受呢？"

这个回应是有些符合动机式访谈的。因为从业者询问了一个开放式问题，可以引出当事人的观点。不过，这个提问会引出持续语句，也就是在鼓励当事人谈他为什么不能够向着自己的治疗目标前进，而不是谈他为什么能够这样做。而且，这里的措辞（"为什么你不能……呢？"）可能也会让当事人感觉自己在被人面质。因为这样的措辞暗含着从业者认为当事人理应有能力承受这些的意味。

符合动机式访谈："贾迈勒，要做什么由你来掌握，由你来决定。今天是否要做暴露练习，完全听你的。正如咱们之前的讨论，我是推荐你做这个练习的，因为你越是面对你所害怕的事物，你就越不怕它。不过，今天到底要不要做练习，这依然由你来决定。"

这个回应是符合动机式访谈的。虽然从业者也提醒了当事人之前讨论过的做暴露练习的重要性，但从业者始终支持由当事人来自主决定要不要做练习。

参考对策6：做计划

正如在接下来即将讨论的"参考对策7：预想"中提到的，在焦虑、创伤相关或强迫障碍的治疗中，很多当事人可能都会低估回避对他们顺利完成治疗的干扰。所以，从业者帮助当事人提前准备好如何应对回避所造成的干扰，是处理这类临床挑战的另一种符合动机式访谈的对策。如第三章所述，在符合动机式访谈的计划过程中,从业者会与当事人合作,双方共同构建对策及方法以应对可能发生的回避问题。同时,从业者也要根据需要修订和调整已制订的方案,从而确保当事人可以达成他们自己的既定目标,即克服回避,顺利完成治疗。

不符合 / 有些符合 / 符合动机式访谈做计划的例子

下面的例子呈现了从业者如何通过做计划来帮助当事人(如贾迈勒)准备好应对可能出现的回避治疗的问题。

当事人说:"我愿意试试这种治疗,但我也不是太确定。"

不符合动机式访谈:"贾迈勒,你的这种犹豫可能源于回避,这是创伤后应激障碍的一种症状。所以就算你不想来,你也要定期、规律地来做治疗。你会这样做吧?"

虽然从业者先提供了有关回避的信息,这算不上不符合动机式访谈,但接下来是从业者告诉当事人要如何应对回避,这就不符合动机式访谈了。从业者告诉当事人要如何做,这是背离合作的做法,而且可能会削弱当事人的自主感。

有些符合动机式访谈:"贾迈勒,当你对治疗感到犹豫或者不太确定时,我建议你做呼吸练习和积极的自我对话。当然这些对策可能是最适合你的,也可能不是。"

从业者给出了建议,并许可当事人可以不同意、不考虑,这是符合动机式访谈的,而且可以在一定程度上促进当事人的自主感以及双方的合作性。不过从整体看,这个回应只是有些符合动机式访谈的,因为从业者没有先征询当事人对于有助于自己参加治疗的看法或提议,就直接给出了建议。所以这样的合作在本质上是不充分、不彻底的。

符合动机式访谈："贾迈勒，也许我可以分享一些信息，你的这种犹豫可能源于回避，这是创伤后应激障碍的一种症状。有很多当事人非常想解决创伤后应激障碍，但对于治疗也有些顾虑和犹豫，然后他们发现，如果能提前讨论一下当治疗变得难以继续时可以怎么办，会很有帮助。（等待当事人的同意。）那咱们先来讨论一下，哪些方面让你觉得治疗特别难，或者让你不想再继续了。"

这段话是符合动机式访谈的，因为从业者先提供了信息，然后又邀请当事人参与进来，共同合作构建应对回避问题的对策。

我们在自己的工作中制订计划或方案时会使用"顺利完成治疗的计划表"。如表6.4所示，这样的改变计划表也是在动机式访谈中常会使用的（例如，Miller & Rollnick，2002）。

参考对策7：预想

我们发现，对于持有过高期待的当事人（见第五章），协助他们对治疗展开切合实际的预想会是一种很有帮助的做法。因为真实的治疗一方面会给大部分当事人带来收益或帮助，另一方面也要求当事人投入情感并付出可能耗时耗力的辛苦努力，所以若从业者运用"预想"，通常会使得当事人稍微诉说一些持续语句。例如，那些对治疗持有过高期待的当事人在进行预想时可能会说："我预想到，做暴露练习可能挺难的，不过如果我去想想这会给我带来多大的帮助，那么我是会坚持的。"虽然引出持续语句在大多数情况下是一种不符合动机式访谈的做法，但少量引出持续语句有时候也能帮助那些期待过高的当事人提前做好准备，对在暴露治疗中可能遭遇的困难抱有更实际的预期。尽管如此，我们仍然建议从业者谨慎地使用这一对策，而且仅在临床判断它适用时才使用。我们自己的经验是，只有在当事人对干预焦虑的暴露治疗表达了"这很容易，想不出会遇到什么困难"之类坚定、强烈的信念之后，我们才会使用这种方法。例如，如果从业者说："这种针对焦虑的暴露治疗需要

表6.4 顺利完成治疗的计划表示例

为了顺利完成治疗而制订计划

我想要顺利完成治疗，最重要的原因是：
1. 我可以恢复原来的生活，回到原来的状态
2. 我开车时可以不害怕了
3. 我不用时刻想着车祸的事情了
4. 我不会再去吓唬孩子们开车危险了

为了顺利完成治疗，我一定会*：
1. 定期参加治疗
2. 尽全力完成会谈中的练习
3. 尽全力完成会谈外的练习

可能会干扰我顺利完成治疗的有：
1. 我的脾气——我害怕时、生气时，就会说"不治了，随便吧"
2. 我的优先事务——除了完成治疗，我可能还得安排工作或者其他事务
3. 家里可能会有一些事，让我感觉不想治疗了
4. 我可能会在内心挣扎，然后跟自己说放弃吧

其他人可以给我的帮助有：
1. 家人会鼓励我坚持治疗
2. 治疗师会鼓励并提醒我胜利在望
3. 如果我失约了，治疗师会给我打电话并鼓励我再次预约

如果我没有像自己希望的那样坚持治疗或者是想放弃了，那我该怎么办：
1. 坦诚地面对自己，不因为这些困难而怨天尤人
2. 提醒自己，我以往每次因为焦虑而骗自己逃避时，情况是如何雪上加霜的
3. 提醒自己，我很坚强，我能做到！
4. 祈求力量、勇气、耐心和智慧——助我渡过难关
5. 向家人、朋友、其他人寻求支持和鼓励的话语
6. 回想自己在治疗中已经顺利做到的、完成的事情

* 关于这个部分列出的想法或内容，从业者可以提供一些信息，因为对于当事人所选择的治疗选项，从业者可能更了解这种治疗的组成部分及构成要素。

你反复接触那些让你最为焦虑、恐惧的事物,而且需要你按照预定的时间待在相应的情境中,比如30分钟,或者直到你的焦虑感下降了50%才行。你对此有哪些疑问或者顾虑呢?"而当事人回复说:"我没有疑问和顾虑,听得很明白。咱们开始做吧。"那么从业者可能就要引导当事人去预想真实的治疗会是什么样子,并协助对方建立更符合实际的治疗预期。这些工作将更为有力地确保在之后经历治疗上的困难与艰辛时,当事人不会气馁灰心,也不会把这些当作失败。

不符合 / 有些符合 / 符合动机式访谈预想的例子

下面的例子呈现了预想这个可能略有争议但也非常有帮助的方法,从业者运用这个对策和当事人讨论了创伤后应激障碍的治疗。

当事人说:"我没有疑问和顾虑。我的生活已经被创伤后应激障碍给毁了,我什么都愿意做,只要能解决这个问题。"

不符合动机式访谈:"这话听起来也不像你特别坦诚的心里话啊。"

这个回应是不符合动机式访谈的,因为从业者直接面质了当事人的乐观心态。这种做法是非合作性的,而且没有支持当事人的自主性。

有些符合动机式访谈:"请跟我讲一个你对创伤后应激障碍的治疗可能有的担心或顾虑吧。"

这个回应是有些符合动机式访谈的。因为这是一个开放式问题(在动机式访谈中"请跟我讲讲"这样的开放式陈述会被归类为开放式问题),在邀请当事人给出更长、更多的回答。不过,根据谈话的语境(当事人前面已经说了"我没有问题和顾虑")来看,这个提问可能会引发不和谐。当事人可能觉得从业者并没有在听自己讲话,或者产生更糟糕的感受——觉得从业者是在面质自己。

符合动机式访谈:"嗯,所以你很有信心,也准备好开始这种治疗了。很多经历过这种治疗的人发现,这其实要比自己预想的难度更高,强度也更大。你认为,在治疗中可能会遇到哪些情况,会让你动摇或者不再继续这种治疗了?"

虽然通过引导当事人预想潜在的治疗困难,从业者可能会引出少量的持续语句,这种做法本身并不是严格符合动机式访谈的,但从业者以一种符合动机式访谈的方式运用了"预想"这一对策,有几点体现。第一,从业者先共情地反映了当事人的乐观心态。第二,从业者提供了客观信息,这些信息不是对当事人的直接反驳或面质,同时有可能会帮助对方打开视角、丰富思路。第三,从业者使用了开放式问题,以引出当事人对于潜在治疗困难的思考和看法。这些做法都会促进从业者与当事人的合作,然后双方可以共同计划怎样更好地克服这些潜在的治疗阻碍,就如前面的"参考对策6:做计划"所述。

临床挑战3:精神病性症状

情况描述

精神病是指个体丧失了与现实世界的联系,通常包括对于正在发生的事或自我身份的错误信念(妄想),或者是看到、听到、闻到、尝到或感觉到了并不在场的事物(幻觉)。除了幻觉和妄想,其他的精神病性症状还包括思维瓦解、言语紊乱以及行为紊乱。精神病性症状可能是躯体疾病导致的,诸如酒精和毒品的使用或戒断、影响脑部的病变或肿瘤;也可能是精神障碍导致的,如精神分裂症、双相障碍、重性抑郁以及某些人格障碍。虽然治疗精神病取决于其成因,不过一般都会使用抗精神病药(Cohen, 2010)。动机式访谈已展现出了帮助精神病患者的前景,特别是对精神分裂症,动机式访谈可以帮助患者更好地遵医嘱服药(Drymalski & Campbell, 2009)以及做出生活上的正向改变,例如,减少问题性饮酒(Graeber, Moyers, Griffith, Guajardo, & Tonigan, 2003),促进与戒烟专家的接触沟通(Steinberg, Ziedonis, Krejci, & Brandon, 2004)。不过,精神病性症状及障碍还是会给动机式访谈的实务操作造成独特的临床挑战（如 Rusch & Corrigan，2002）。我们在培训中就不止一次遇到社区从业者会角色扮演有精神病性症状的当事人，从而试图"难住"我们。

> **个案**
>
> 罗杰，63岁，男性，被确诊为精神分裂症，目前在一家养老院接受照护。在过去的40年间，罗杰遵医嘱服用抗精神病药的情况总有起伏。他在那些不遵医嘱服药的时间里，经常好几个月或者甚至好几年流落街头，直到家人找到他并送他来精神障碍中心住院。最近，罗杰的身体状况恶化，养老院的工作人员认为罗杰需要转到更专业的护理院接受照护。例如，躯体疾病让罗杰时常跌倒，因为他身材高大，而养老院的周末值班员雷吉娜又是一位身材娇小的女性，所以当罗杰跌倒时，雷吉娜很难帮助他。而且在跌倒后，罗杰经常语无伦次地大喊大叫，也不理会雷吉娜的指挥，这让照护难上加难。罗杰对于自己的身体健康状况似乎没有自知力，而且当工作人员想跟他讨论健康问题时，他也不予理会。基本上，每次一开始这样的讨论，罗杰就坚称自己的身体正处于巅峰状态，因为美国中央情报局已经给他注射了用来提升表现的实验药物。

如果是你，接下来会如何回应罗杰呢？是与他辩论其信念的非现实性？是建议他的精神科医生增加药物剂量，让他镇静地待在床上？是去请法院强制护理院收容罗杰从而保证他的人身安全？还是会辞掉养老院的工作，换一个压力小一点的职业？本节将列举几种符合动机式访谈的对策，可用于帮助存在妄想、幻觉、思维瓦解或行为紊乱等症状的当事人。但需要注意的是，从业者在与罹患精神病性症状或障碍的当事人工作时，往往要对常用的动机式访谈对策做出调整或改动。凯里及其同事（Carey, Leontieva, Dimmock, Maisto, & Batki, 2007）建议为精神分裂症患者调整动机增强疗法的工作方案，包括增加会谈频率和缩短会谈长度。凯里等人列举了这些调整可以给精神分裂症患者带来的帮助：（1）降低对注意力的要求；（2）让当事人有更多机会学习如何应答动机式访谈风格的干预；（3）可以进行更多次重复并详细展开相应的内容；(4) 可以将现实生活中的事件更好地融入讨论；(5) 可以稀释"坏日子"(例如，症状或压力事件恶化的某一天) 对于整体疗效的影响。马蒂诺及其同事 (Martino, Carroll, Kostas, Perkins, & Rounsaville, 2002) 也建议为精神病患者做出动机式访谈的若干调整，以适应患者的思维瓦解和认知受损，这些调整包括：简化开放式问题 (例如，避免问复合型问题①)；把引导式谈话的重点放在促进逻辑组织和现实检验上；反映的重点避开当事人紊乱无序的体验或生活事件；注重对当事人的肯定。最后，还需要提醒大家的是，对于严重紊乱或高度激越的当事人，上述做法以及本节所给出的很多对策并不适用，效果也不佳。

参考对策1：提供信息

根据我们的经验，一些长期接受医学治疗、物质滥用治疗或者涉及司法议题的当事人在初次接触动机式访谈风格的从业者时会颇感意外，也会有不确定感。例如，他们只是很简短地回应开放式问题，或者只是对从业者给出的反映性倾听保持沉默。当事人感到意外和不确定其实不足为奇，因为动机式访谈的确跟这些设置中常用的指导性方法以及普遍的人际沟通风格很不一样 (Amrhein et al., 2003)。而我们也发现，虽然一开始有这种不确定感，不过大多数当事人都会快速适应动机式访谈的精神和技术，往往只过了几分钟，当事人就会非常主动和充分地参与谈话了。但也如马蒂诺及其同事 (Martino et al., 2002) 所言，认知受损或思维瓦解的当事人可能更难适应动机式访谈的风格。所以他们建议从业者在展开动机式访谈风格的谈话之前，先向当事人提供概览性信息，即总体说明谈话的目的以及双方在谈话中的角色。

---

① 在语言学中，复合型问题指的是包含多个疑问点的问题，即在一个句子中包含多个问题。例如："你有哪些精神症状，这些症状又是如何影响你喝酒的？"这个问题同时询问了两个不同的事项。——译者注

不符合 / 有些符合 / 符合动机式访谈提供信息的例子

下面的例子呈现了从业者如何通过提供信息来和认知受损的当事人开展动机式访谈风格的谈话。

当事人说:"这要花多长时间？我都好几小时没抽烟了。"

不符合动机式访谈:"罗杰,等咱们谈完,你就可以抽烟了。这里的工作人员已经判断没法再照顾你了。我们会向你的个案管理员推荐一家更专业的护理院。你还有什么问题吗？"

这段话是不符合动机式访谈的,因为从业者没有寻求与当事人进行合作。相反,从业者无视了当事人对谈话时长的询问以及他想要抽烟休息的愿望。然后,从业者又给自己预设了专家角色,直接告诉当事人对于他的照护安排的决定。最后的提问可能相对算接近动机式访谈了,因为这是从业者在征询当事人对于这些信息的看法,不过这里用了一个封闭式问题,当事人可能只会给出很简短的回答("有"或"没有"),而不是更长的回应。

有些符合动机式访谈:"大概15分钟,罗杰。"

这个回应是有些符合动机式访谈的,因为从业者以客观的方式回答了当事人的问题。不过,对于后续展开的谈话或者还需要提供的信息,从业者都没有征求当事人的许可,也就没有支持当事人的自主性,没有在谈话中为对方铺垫出有利于合作的基础。

符合动机式访谈:"我明白你现在很想抽支烟,同时,我也很希望你能抽出大概15分钟来讨论一些重要的事情。这样安排可以吗？（等待当事人回应。）罗杰,我想跟你谈谈,过去几个月以来,你在咱们这里有哪些感觉不错的地方,有哪些可能不太好的体验,以及对你来说最好的护理院选项可能有哪些。我真的很想知道,对于住哪里,你自己有怎样的想法和感受。所以,我虽然可能会问你一些问题，但我真正感兴趣的是听你讲。那么请跟我讲讲你喜欢住在这家养老院的原因吧，罗杰。"

这段话是符合动机式访谈的，有几点原因。第一，从业者先反映了当事人想要抽支烟的心愿，并回答了他提出的问题。这样做表达了共情，也在铺垫合作的氛围。第二，对于是否继续后面的谈话，从业者征求了当事人的许可，从而支持了当事人的自主性，并进一步促进了合作的氛围。第三，从业者提供了信息，来导进当事人参与一次动机式访谈风格的谈话，以审视目前的照护居住所的利弊。上述铺垫都在协助当事人以更合作、更主动的状态参与到这次讨论之中。在这里也需要提醒大家，从业者运用动机式访谈来谈话，并不能保证当事人一定认同养老院工作人员的判断，即他们现在没办法再为当事人提供到位、安全的照护了，当事人需要转到其他类型的护理院。所以，养老院的工作人员最终可能不得不违背当事人继续留院的意愿。尽管如此，促使当事人参与这样一次讨论，邀请他分享自己的看法，允许他掌控那些在他控制范围之内的情况（例如，转去哪家护理院居住），都已经支持并强调了当事人所具有的自主性。

参考对策2：征求许可

在提供信息或建议之前先征求许可，这是符合动机式访谈的做法，有助于提升会谈的合作感并支持当事人的自主性（Moyers，Martin，Manuel，Miller，& Ernst，2010）。征求许可还可以使谈话更具结构性，从而协助那些难以连贯地组织思路或语言的当事人。这种做法在标准化的动机式访谈中，以及结合了动机式访谈的混合干预［如动机增强疗法（Miller et al.，1992）或动机式访谈评估（Martino et al.，2006）］中都很常见。例如在一次动机式访谈的会谈中，当谈话从唤出过程向着计划过程过渡时，从业者通常会说："如果你觉得可以，我接下来想和你谈谈，如何制订一个计划或方案来帮助你达成目标。"不过，对于那些难以维持、组织或聚焦在一个主题上进行谈话的当事人而言，从业者更频繁地使用"征求许可"对策可能更有帮助。

不符合／有些符合／符合动机式访谈征求许可的例子

下面的例子呈现了从业者如何先征求许可,再提供信息,从而协助当事人在会谈中保持聚焦。

当事人说:"我现在每天都服药。这方面没有问题。"

不符合动机式访谈:"我知道你现在在服药,罗杰,但咱们需要聊聊你没服药的那些时候。每次你一停止服药,病情就会恶化。"

虽然从业者承认了当事人最近做到了遵医嘱服药,这一点是符合动机式访谈的,但从业者对当事人成功做出的改变一笔带过,并以一种非合作的方式将谈话的焦点迅速转向了当事人未能遵医嘱服药的那些时刻,这是不符合动机式访谈的。然后,从业者提供了关于遵医嘱服药的信息,但不是为了供当事人参考,而是就其先前行为所造成的问题进行面质。

有些符合动机式访谈:"如果你觉得可以,我想咱们也可以聊聊你没服药的那些时候。"

这个回应是有些符合动机式访谈的,因为从业者就讨论遵医嘱服药的事先征求了当事人的许可。不过,考虑到当事人刚刚说他现在已经在服药了,但从业者依然使用了这番措辞,当事人可能会觉得这不是一种合作性的探讨。而且,从业者也没有把握住这个好机会去肯定当事人,因为当事人其实已经在向从业者寻求正面的反馈了。

符合动机式访谈:"罗杰,这几个月来,你一直很好地做到了遵医嘱服药。这真的很棒,很出色。同时,如果你觉得可以,我也想花一点时间,至少几分钟,来聊聊之前阻碍你顺利服药的是什么。很多当事人都发现,在他们停止服药后,自己的症状会加剧,已经取得的很多进步也会消失。"

这段话是符合动机式访谈的,有几点原因。第一,从业者先肯定了当事人成功的遵医嘱服药的行为。第二，从业者在征求当事人的许可——可否改变话题以讨论影响先前服药行为的可能原因，同时从业者也谨慎地留意着这种转向不会破坏之前对当事人做出的肯定。第三，关于讨论遵医嘱服药的重要意义，从业者提供了信息，而且是以第三人称的视角来提供的，这样做可以更好地避免唤起当事人的防御（Rollnick et al., 2008）。

参考对策3：摘要

如第二章所述，通过做摘要，从业者可以将当事人讲过的多段内容进行汇集与综合。动机式访谈在使用摘要时通常是具有选择性的。也就是说，从业者会对当事人讲过的内容进行选择，从中摘取相应的要点，例如"改变语句"，同时过滤掉当事人所讲的与谈话的焦点关系不太密切的内容。马蒂诺等人（Martino et al., 2002）建议，从业者可以通过做摘要来对当事人讲过的话进行逻辑组织。所以一个精准的摘要可以帮助那些思维瓦解或离题思考的当事人组织思路。同时大家也不难想到，从业者在和罹患精神病性障碍的当事人工作时，做反映或摘要的难度会更大，挑战也会更多（Martino et al., 2002）。因此，面对这样的当事人，动机式访谈的新手可能很难有效地操作和运用动机式访谈。

不符合 / 有些符合 / 符合动机式访谈摘要的例子

下面的例子呈现了从业者如何运用摘要帮助当事人以连贯、有意义的方式组织思路。

当事人说："我现在每天都服药。这方面没有问题。我的个案管理员就想让我去一家护理院，因为她为'他们'工作。我觉得她一直在给我下毒。可能这就是我跌倒的原因吧。中央情报局给我的药是管用的。我认为那肯定是解药。我可以抽支烟歇会儿吗？抽不了烟的话，我会很紧张。我认为中央情报局的特工明天会再来。你能给我的个案管理员打个电话吗？我想见我妹妹。"

不符合动机式访谈："罗杰，你知道，中央情报局是不会给你任何药的。"

这个回应既不是摘要，也不符合动机式访谈，因为这是从业者对于当事人妄想思维的直接面质。虽然从业者说得没有错，但这种回应当事人妄想思维的方式是非合作性的，也会削弱当事人的自主感。

有些符合动机式访谈："所以你认为她一直在给你下毒，而且她为他们工作。"

这个回应是有些符合动机式访谈的，因为从业者对当事人所讲的一部分内容进行了摘要。不过，从业者所摘要的这些内容可能无法帮助当事人朝着正向的改变发展。相反，这个摘要可能会让当事人更详细、更展开地讲述他的妄想信念。

符合动机式访谈："罗杰，这几个月来，你一直很好地做到了遵医嘱服药。照顾好自己对你来说似乎很重要。我听到你也在意或担心这几次跌倒，但你不太相信搬到一家护理院就能解决问题。听起来，个案管理员已经和你谈了这里的工作人员给出的一些建议。你看是否可以这样，我再多分享一点儿我们认为更专业的护理院可能给你带来的帮助？"

这段话是符合动机式访谈的，有几点原因。第一，从业者有选择地反映了当事人说出的倾向于正面的健康改变的话语。也就是说，从业者反映了当事人遵医嘱服药的行为，并推测这体现了当事人关心自己的健康并希望照顾好自己的愿望。第二，从业者也反映了当事人简要提到的跌倒，理解这可能是一种在意或担心。第三，对于是否可以多分享一点信息（关于工作人员的建议），从业者也在征求当事人的许可。这样做既支持了当事人的自主性，也为接下来讨论护理院的话题铺垫了合作的基调与氛围。

参考对策4：反映性倾听

在培训那些与有妄想思维的当事人工作的从业者时，我们常会遇到一个很有挑战性的问题：要如何既保持动机式访谈的风格，又不去加强和支持当事人的妄想，即不会提供额外的证据来支持妄想信念（Nelson，2005）。在培训期间的角色扮演中，我们发现，当扮演"当事人"的学员说出了妄想性质的话语（例如，"公寓管理员偷了我的毛衣！"）时，从业者一般会用以下两种方式之一来回应：（1）他们会冷静而直接地面质当事人说的话，旨在帮助当事人重新与现实联系——"不对，她没有，并没有人偷你的东西"；（2）他们会如真实发生了一样反映妄想的内容，好像这些内容就是基于现实的——"公寓管理员偷了你的毛衣"。第一种回应避免了支持妄想信念，但可能会加剧从业者与当事人之间的不和谐。第二种回应虽然更符合动机式访谈，但可能会加强当事人针对公寓管理员的不正确的偏执信念，并会鼓励当事人继续谈论这些内容。所以我们建议从业者不要去直接面质或与之共谋，而是要有的放矢地针对当事人话语或交流中所说过的一切具有现实基础的内容进行反映。在某些情况下，当事人话语背后的情绪体验（如恐惧、愤怒），或者当事人与从业者之间逐渐展开的人际历程（如挫败感、误解），也许就是唯一可以获得的、具有现实基础的内容了。例如，从业者可以反映当事人的这种感受："有时候你也不知道自己可以信任谁。"

不符合 / 有些符合 / 符合动机式访谈反映性倾听的例子

下面的例子呈现了从业者可以如何反映思维瓦解或者具有妄想的当事人，旨在突出其话语中具有现实基础的那些内容。

当事人说："我的个案管理员就想让我去一家护理院，因为她为'他们'工作。我觉得她一直在给我下毒。"

不符合动机式访谈："罗杰，你知道，个案管理员是不会给你下毒的。"

这个回应既不是反映，也不符合动机式访谈。虽然从业者说得没有错，但这种对当事人的妄想思维的直接面质是非合作性的，也会削弱当事人的自主感。

有些符合动机式访谈："罗杰，那一定非常可怕，个案管理员想要害你。"

这个回应是反映，从技巧层面看也是符合动机式访谈的。不过，因为反映的是妄想信念，所以这个回应不能帮助当事人朝着正向的改变发展。相反，该回应可能会加深当事人的妄想信念，因为有一位权威人士已经认同了这些内容（Nelson，2005）。

符合动机式访谈："你不认为护理院是最适合自己的安排，所以你会质疑工作人员推荐那里的动机。"

这个回应是符合动机式访谈的，因为从业者反映了当事人不认同护理院是最合适的，还有他难以接受工作人员的建议，尤其是他不同意工作人员对其身体状况的评估。该回应既没有直接面质妄想信念，也没有以任何形式支持当事人的错误信念（他被下毒，个案管理员与某个邪恶组织有关联）。而且，该回应还有助于引导当事人转而就工作人员需要与他探讨的关键议题——推荐入住护理院——展开具有意义的讨论。

参考对策5：转换焦点

有时候，罹患精神病性症状的当事人会深深陷入妄想或瓦解的思维模式，所以帮助当事人将注意力从妄想的思维模式中移开，可能就是最佳对策了。动机式访谈有一个方法叫作"转换焦点"，对这方面特别有帮助。如米勒和罗尔尼克（Miller & Rollnick，2002）所言，该方法相当于绕开阻碍并转入更有建设性的讨论，而不是去翻越这个阻碍。需要提醒大家的是，如果以符合动机式访谈的方式使用该方法，那一般会先确认知晓了当事人的关切和顾虑，然后再引导对方探讨一个可工作的话题。假如不先确认知晓了当事人的关切和顾虑（无论是否有现实基础），那么这个对策的使用可能就让从业者转向了专家角色，当事人则进入了被动的角色。

不符合 / 有些符合 / 符合动机式访谈转换焦点的例子

下面的例子呈现了从业者如何以不符合动机式访谈、有些符合动机式访谈以及符合动机式访谈的方式运用转换焦点，以便帮助陷入了妄想或紊乱的思维模式的当事人。

当事人说："我的个案管理员就想让我去一家护理院，因为她为'他们'工作。我觉得她一直在给我下毒。"

不符合动机式访谈："我今天请你过来不是为了谈这个。我今天请你来，是因为我们需要跟你谈谈你的健康情况以及护理的问题。"

这段话是不符合动机式访谈的。因为从业者无视了当事人的关切和顾虑，直接转向了健康与护理的话题，这种做法大大背离了合作，可能还会引发当事人与从业者之间的不和谐，或者使当事人成为被动的谈话角色。

有些符合动机式访谈："所以你还是担心你的个案管理员。你认为咱们应该就此做些什么呢？"

在这个回应中，从业者先反映了当事人讲的话，然后提了一个问题，以搜集更多信息。所以，这个回应是有些符合动机式访谈的。不过，从业者的反映和提问所侧重的主题恐怕不能帮助当事人朝着正向的改变前行。鉴于个案管理员并没有给当事人下毒，所以针对这个问题制订解决方案对当事人可能是徒劳无益的，而且会加强他的妄想信念。

符合动机式访谈："你不认为护理院是最适合自己的安排，同时你也质疑个案管理员推荐那里的动机。那么对于这类可居住的照护机构，你更看重、更在意的是哪些方面呢？"

这段话是符合动机式访谈的,有几点原因。第一,从业者通过反映性倾听表达知晓了当事人的关切和顾虑。请注意,从业者在这里只是共情性地反映了当事人的顾虑,既没有明确同意,也没有默认当事人被下毒或个案管理员为"他们"工作。第二,从业者使用了一个开放式问题,旨在将谈话的焦点转到一个既可工作又相关的话题上,即对于这类可住宿的照护机构,当事人看重哪些特征。

参考对策6:叠加式问题

马蒂诺等人(Martino et al., 2002)建议对精神分裂症患者简化开放式问题。具体来说,他们建议避免使用复合型开放式问题,例如:"你认为你的家人会怎么看护理院,他们的看法会如何影响你对此的考虑呢?"对于这样的一个复合型开放式问题,即便是没有认知损害、功能良好的个体,可能也较难回答。我(朱莉·A. 舒马赫)记得有一次,学部邀请了一位专家做报告,有听众就问了她一个复合型开放式问题。不出所料,她回答了这个问题的第一个部分;但对于第二个部分,她就只能请提问者再重复一遍了,因为已经想不起来了。而对于那些思维瓦解的当事人,这类问题可能会让他们十分困惑,也应接不暇。所以,简化的开放式问题可能更有效果,例如,"你认为你的家人会怎么看护理院?(等待当事人回应。)他们的看法会如何影响你对此的考虑呢?"。

根据我们的经验,即便是结构和措辞都比较简单的开放式问题,认知受损(如思维瓦解)的当事人回答起来可能也有困难。有时候,这些当事人甚至对一个简单型的开放式问题都不知道该回答些什么。因此,从业者使用叠加式问题可以协助和支持当事人做出回答。也就是说,先询问一个开放式问题,然后跟上若干个封闭式问题,从而协助当事人发现和了解哪类答案可用来回答这个开放式问题。这种叫"叠加式问题"的方法(Moyers et al., 2010)可以让当事人在回答开放式问题时有更大的信心和确定感,同时也避免了只使用封闭式问题可能造成的视角过窄的问题。

不符合 / 有些符合 / 符合动机式访谈叠加式问题的例子

下面的例子呈现了从业者如何运用叠加式问题来协助有困难的当事人回答开放式问题。

当事人说:"我的个案管理员就想让我去一家护理院,因为她为'他们'工作。我觉得她一直在给我下毒。"

不符合动机式访谈:"给你下毒?你确定吗?这可没有任何证据啊,对吧,罗杰?"

这段话含有叠加式问题,但这个回应是不符合动机式访谈的。因为这里所有的提问都在直接面质当事人。这种做法会削弱当事人的自主感以及谈话的合作性。而且这些问题都聚焦于妄想内容,并未尝试引导当事人朝着更具建设性的方向且围绕更紧迫的话题展开讨论,即当事人想如何解决自己更高的医疗需求,而这是养老院无法提供的。

有些符合动机式访谈:"那你想如何安排呢?你想去护理院吗?还是你想问问你妹妹,看她是否同意你搬过去住她那里?"

这个回应是有些符合动机式访谈的。从业者先问了一个开放式问题,邀请当事人分享他自己希望的安排。这表达了从业者看重当事人的意见,也对当事人的自主性给予了一定的支持。不过,后续叠加的封闭式问题并没有为当事人拓展答案选项的其他可能性,反而收窄了可能的答案范围。

符合动机式访谈:"搬到像护理院这样的地方可能有哪些好处呢?例如,1周7天、全天24小时都有人待命,如果你身体不舒服了,这样的条件不是更好吗?住过去离你的家人更近了,这也挺好吧?还有如果你自己住一间屋子,不用跟别人合住了,你是不是会更放松?……"

这段话是符合动机式访谈的。从业者先问了一个开放式问题来了解当事人的看法。虽然在这个开放式问题的后面跟着几个封闭式问题，但这样做的目的是为了澄清从业者第一个问题的主旨和含义，同时也为当事人提供了一系列可供选择的"正确"答案，使他找到进行回答的方向。所以，以上做法或许可以增强当事人给出有逻辑、有意义的回答的信心和能力，从而更积极地与从业者合作探讨更换住处（如搬去护理院）的利弊。

本 章 总 结

我们在自己的工作中发现，从业者在和罹患精神症状或障碍的当事人工作时会遇到一些独特的临床挑战，而运用动机式访谈的理念及做法来化解和应对是很有帮助的。这些挑战包括：绝望、无价值感或内疚感、对活动缺乏兴趣、难以专注、回避以及思维瓦解或妄想。鉴于精神疾病或障碍十分普遍，心理健康领域以外的从业者在其助人工作中可能也会遇到上述挑战。因此，我们尝试为大家提供关于相应障碍及其症状的实用的、非术语化的描述性信息，从而方便非心理健康领域的从业者识别哪些当事人可以从转介去做心理治疗中受益，哪些当事人也可以从符合动机式访谈的对策中受益，这些对策能协助他们克服由精神疾病造成的改变阻碍。表6.5总结了本章提到的临床挑战以及可参考的动机式访谈对策。

表6.5 总结与精神症状有关的临床挑战以及动机式访谈的对策

临床挑战	可参考的动机式访谈对策
抑郁： 遭受抑郁的当事人会体验到绝望、无价值感或内疚感、难以专注，以及对活动缺乏兴趣。这些都会让当事人很难充分地跟从业者建立关系、参与谈话或者投入到改变的历程之中	假想式问题：邀请当事人只去想象改变的可能性，而不需要下决心付诸行动。这种问题可帮助那些感到绝望的当事人考虑改变的潜在方案及收益，虽然他们在此刻对可能的改变还感到悲观 做计划：帮助当事人具体化、细节化地思考如何完成自己所希望的改变。具体的方案可以使感到悲观的当事人对改变的可能性更加抱有希望 预想：请当事人想象，假如他们真的做到了相应的改变，那么未来会是什么样子。体验到过度内疚或无价值感的当事人总会以自我贬低的方式来讲述自己先前行为的负面后果。对这些当事人，从业者使用这个方法是非常有帮助的 肯定：从业者说出当事人任何方面的优势／强项或能力，可以帮助体验到无价值感或过度内疚的当事人以一种"有潜力改变"的视角来看待自己 摘要：经常摘要谈话中的要点，可以帮助难以专注的当事人更好地参与谈话 使用符合动机式访谈的书面素材：为难以专注的当事人提供符合动机式访谈的书面素材，例如权衡决策表或改变计划表，可以帮助他们更好地记住谈话中有关改变的关键要点 回顾过去：请当事人回想抑郁发生之前的情况，可以帮助那些现在对活动缺乏兴趣的当事人发现和识别他们可能喜爱的活动，或者找到可以奖励或强化自己的事物
焦虑： 罹患焦虑或相关障碍的当事人可能会回避某些必要的治疗内容，也包括回避已经预约好的会谈，因为充分、全面地参加治疗可能会引发焦虑或痛苦	共情性倾听：仔细、用心地倾听当事人，尝试真正明白他们的观点及视角，可以帮助从业者全面、充分地理解当事人与焦虑及相关障碍有关的痛苦要比从业者自己在一些情境中体验的紧张感更强烈、更密集 评估反馈：为当事人提供对其焦虑评估的客观反馈，这样可以帮助他们更好地认识到焦虑及相关障碍对其生活的干扰和影响 唤出：通过唤出式问题协助当事人清晰地讲出自己做改变的理由，可以帮助因焦虑而不能投入治疗的当事人发展更充足的动机，以克服回避，更持续地接受治疗 提供选项：为当事人提供治疗或干预的可用选项，协助他们全面考虑（包括考虑焦虑的影响），并选择最适合自己的干预方案

续表

临床挑战	可参考的动机式访谈对策
	强调当事人的个人掌控：强调当事人才是做出最终决定的那个人，由当事人自己来选择要做什么或不做什么。这会为因焦虑及相关障碍而回避治疗的当事人赋能、赋权，从而让他们即便经受痛苦，也更有力量主动参与治疗
	做计划：对于因为焦虑及相关障碍而回避治疗的当事人，聚焦于他们逃避预约或对其他治疗活动的回避，制订可以如何去做的计划方案，是很有帮助的做法
	预想：对于罹患焦虑及相关障碍并且低估治疗困难的当事人，协助他们预想真实的治疗可能是怎样一种情况，是很有帮助的做法
精神病性症状：具有精神病性症状（如思维瓦解、言语紊乱、行为紊乱以及妄想）的当事人可能很难主动地参与很多形式的干预	提供信息：对于罹患精神病性症状的当事人，从业者可以在展开符合动机式访谈风格的谈话之前，先为对方提供概览性信息，即总体说明谈话的目的以及双方在谈话中的角色。鉴于符合动机式访谈的很多做法都和典型的沟通方式大不一样，所以如果没有这样的提前说明，当事人可能会感到困惑与不确定
	征求许可：从业者对于将要讨论的话题征求当事人的许可，有助于引导思维瓦解的当事人在每次跑题时再次回到原先的话题
	摘要：从业者在与思维瓦解的当事人谈话时，做摘要是很有帮助的。通过摘要，从业者可以帮助当事人以一种有逻辑、有意义的方式组织自己的思考
	反映性倾听：从业者可以通过反映性倾听来选择性地突出罹患妄想的当事人的话语中具有现实基础的那部分内容
	转换焦点：从业者可以通过一个开放式问题，将谈话的焦点从离题思考或妄想性质的话题上移开，转向一个更有可能引导当事人朝着正向改变发展的话题
	叠加式问题：一些罹患思维障碍的当事人不知道如何回答开放式问题。在一个开放式问题之后跟上若干个封闭式问题，从而向当事人澄清第一个开放式提问的意图，这种做法对于这些当事人是很有帮助的

第七章

与多人工作

到目前为止，我们已经讨论了与单一个体工作时的临床挑战。不过，很多从业者也会在同一时间与多位个体一起工作。这类工作包括就婚姻问题或育儿问题与一对夫妇会谈，为一组当事人提供教育，或者是针对特定障碍的团体治疗。若要以符合动机式访谈的方式与多人工作，那么需要同时关注多个方面以及当事人的多种因素。所以，遵循动机式访谈风格的从业者需要关注：每一位当事人独特的矛盾心态、改变语句、持续语句以及不和谐。因为这些变量对每个人而言可能都是不同的。换言之，从业者不能假设参加这次会谈的所有当事人都有"相同"程度的矛盾心态。而且，就算所有当事人真的都有相同程度的矛盾心态，具体到他们每一个人，各自的体验也是不一样的。此外，遵循动机式访谈风格的从业者也不能只是将"个体形式的动机式访谈"简单照搬到每位成员身上。所以，此类工作的关键在于，从业者要如何在与多人工作的背景下考量其中每一位当事人的目标、矛盾心态和需求？以及从业者要如何平衡不同的目标和需求，从而使谈话继续向前发展？

为帮助大家考量如何处理这类挑战，我们给出了与多人工作有关的两个独特的临床挑战——"与父母工作"和"与团体工作"。同时，我们也需要强调，本章的重点是如何以符合动机式访谈的方式来处理那些在与父母或与团体工作时会出现的临床挑战，而不是为与父母或团体工作而开发动机式访谈干预指南。

临床挑战1：与父母工作

情况描述

我们的很多同事从事服务于儿童的工作，并将行为取向的父母训练纳入其临床服务的内容。这些同事经常跟我们说，要导进父母参与这项训练是很困难的；而且如果对方认为孩子才是那个唯一需要跟从业者谈一谈并且做出改变的人，就会尤其困难。在选择儿童行为问题的干预策略时，虽然考虑父母的偏好也很重要，但我们的同事通常也会表达：只跟孩子工作是无法取得最佳效果的。实际上，采用多种方法（其中也包括父母训练）处理儿童的行为问题，往往是最优的选择（Curtis, Ronan, & Borduin, 2004）。例如，父母训练项目是预防甚至逆转青少年反社会行为的最有效、最具实证支持的干预方法之一（Kazdin, 2005；Maughan, Christiansen, Jenson, Olympia, & Clark, 2005）。与该训练项目有关的一系列正向疗效包括：孩子们的行为问题减少，社交能力提升，并且学业表现也得到了改善。而参加该训练的父母同样展现了正向的效果，包括亲子关系的改善、养育压力的减轻以及使用体罚的减少（例如，Nicholson, Fox, & Johnson, 2005）。因此，以从业者的视角来看，父母训练项目是干预儿童行为问题最优的一线方法，也是在很多情况下都要考虑的选择。

不过，虽然父母训练项目很有前景，但要导进父母参与这种训练并降低其退出率绝非易事（Sterrett, Jones, Zalot, & Shook, 2010）。那些参加父母训练课程或干预的父母之所以会来求助，大多是因为他们知觉到了（通常也是真实存在的）孩子的行为问题，例如不听话或者攻击行为。而父母训练课程的关注点是父母本身，会将他们作为促进孩子发生改变的媒介；但那些只将关注点放在孩子身上的父母可能很难接受这种理念。这就让父母和从业者对于如何看待问题、处理问题产生了分歧。如第二章所述，当事人与从业者之间的分歧可能会引发不和谐，并加剧当事人的持续语句。另外，对于学习教养技巧的必要程度，父母之间可能也存在分歧，这会使问题更加复杂。比如父母中的一方可能认为需要改变自己的教养技巧了,另一方则可能觉得不需要学习新技巧。所以,这对夫妇并没有就要改变什么达成共识,而这也会阻碍他们参与和留在父母训练项目中。对于上述这两种情况,从业者可能需要考虑父母双方或其中一方对于改变自己的教养行为处在前思考期。从业者运用符合动机式访谈的方法来与当事人探讨有关父母训练的选项,可能有助于解决在此类训练中常见的难点和挑战。

> **个案**
>
> 马戈和菲尔有一个11岁的儿子本杰明。为了帮助本杰明更好地管理糖尿病,内分泌科的医生为他推荐了一位行为专家。在2年前,本杰明被确诊为1型糖尿病,而在最近的半年中,他的病情恶化。通过与本杰明及其父母的会面交流,行为专家了解到:关于要在多大程度上监督及管理本杰明遵医嘱执行治疗方案(包括饮食方案),马戈与菲尔之间有分歧。马戈经常监督本杰明的饮食,并确保儿子按时、按剂量吃药。而菲尔却认为本杰明已经老大不小了,可以自己监督自己。而且菲尔还认为"儿子应该能成为一个正常的孩子",于是经常允许本杰明想吃什么就吃什么。所以,本杰明通常更听爸爸的话,也不怎么管理自己的健康相关行为。而这些行为导致他的糖尿病恶化了,其程度让医生备感担忧。

当父母带着孩子来求助以解决行为问题时,这样的例子相当常见。父母可能还没有意识到他们的行为与孩子的行为之间有联系。从业者可以运用一些符合动机式访谈的对策,在不引发父母防御的情况下帮助他们建立这种联系,并最终帮助他们的子女发展形成更健康的行为。

参考对策1:提供反馈和信息

父母往往意识不到,他们的行为或教养方式对于孩子行为问题的形成与维持有怎样的影响。对于这种缺乏觉察,一种解决对策是为父母提供信息,说明有多种因素（包括教养方式）影响了孩子的行为及问题。例如，家庭检核会谈（Family Check-up）[①]就是一种基于动机式访谈的包含评估反馈的干预方法，并且获得了相应的证据支持（Brennan, Shelleby, Shaw, Gardner, Dishion, & Wilson, 2013；Smith, Dishion, Shaw, & Wilson, 2013）。在动机式访谈中，提供信息是一种有帮助的对策，而相应的提供方式则决定了这个做法是否符合动机式访谈。具体来说，提供信息的过程应该是有利于对方参与的，并且是以客观的方式来呈现的。此外，一般要先征求许可，或者先邀请当事人分享他们已知的内容，然后从业者再来提供信息。而在提供有关教养方式的信息时，从业者所采取的方式还需要尽量减少父母的防御，避免让他们把这体验为针对孩子问题的一种责备。

不符合/有些符合/符合动机式访谈提供反馈和信息的例子

下面呈现了从业者以不符合动机式访谈、有些符合动机式访谈以及符合动机式访谈的方式向对参加父母训练感到矛盾的当事人提供反馈和信息的例子。

当事人说："马戈总会事无巨细地管着本杰明。我觉得儿子需要更多的个人空间，才能做他自己，才能成为一个正常的孩子。"

不符合动机式访谈："嗯，本杰明确实已经到了这个年纪，他需要学习怎样更好地照顾自己。孩子们一般都是从父母那里学习自我管理行为的，同时你们的医生也担心你和马戈没有帮助本杰明更好地管理他的糖尿病。出现这种问题时，父母一般需要在教养方式上做出一些改变，从而帮助孩子。"

这段话为当事人提供了关于儿童行为与父母行为之联系的信息。而且从业者也对当事人的观点做了一些支持。不过，此处的信息提供方式是不符合

[①] 一种短程的干预形式，用以提升儿童在多种环境（家庭、学校或社区）下的适应能力。家庭检核会谈一般设有3次会谈。它不同于传统的临床模式，其发展与变化体现在以下几点上：（1）采用健康维持模型；（2）进行全面综合的评估并做反馈；（3）强调改变的动机。——译者注

动机式访谈的。因为从业者只是直接给出了信息，并未征求许可，也没有重申或强调当事人对于这些信息的个人掌控。所以，这些信息就有可能被当事人体验为责备，从而引发或加剧不和谐。此外，从业者在提供信息之后，也没有征询当事人的反馈。

有些符合动机式访谈："你和马戈都很关心本杰明的健康，同时，对于怎样帮助他管理行为你们有不同的看法。如果你们觉得可以，我想分享一些我们了解的、关于儿童及其健康行为管理的信息。（等待当事人回应。）我们了解到的一点是，对于如何管理孩子的行为，父母之间达成共识是非常重要的。通常，父母稍微调整一下自己的行为，就会对孩子的行为产生显著的影响。我这里有一张方法清单，可以帮助你们达成共识。"

这段话是有些符合动机式访谈的。因为从业者先共情和肯定了这对父母，然后征求了对方的许可，并以一种非专家角色的口吻提供了信息。不过，在提供了"达成共识很重要"这一信息之后，从业者并未分别征询父母双方的反馈，就直接给出了方法清单。所以，这样的信息分享过程导进不足，而且可能会造成不和谐。

符合动机式访谈："你和马戈都很关心本杰明的健康，同时，对于怎样帮助他管理行为，你们有不同的看法。如果你们觉得可以，我想分享一些我们了解的、关于儿童及其健康行为管理的信息。（等待当事人回应。）据我们了解，专业人员的一种观点是：对于如何管理孩子的行为，如果父母之间不能达成共识，那么孩子的行为可能会出现更多的问题。通常，父母只要稍微调整一下自己的行为，就会对孩子的行为产生显著的影响。你们两位对以上这些观点怎么看呢？"

这段话是符合动机式访谈的，有几点原因。第一，从业者先肯定了这对父母对孩子的投入和关心。第二，从业者反映了父母对于问题（及解决方式）的意见分歧。这样做就不会偏袒其中任何一方了。第三，从业者先征求了许可，然后才提供了信息。第四，从业者是以第三人称视角提供信息的，即根据专业人员的观点，而没有特别针对这对父母，这样做可减少对方的被责备体验，使之减少防御。第五，在提供信息之后，从业者征询了父母的反馈。

参考对策2：探索目标/价值观

有时候，父母意识不到自己的教养方式会对他们希望孩子改变或发展的目标产生怎样的影响。所以，从业者可以邀请父母分享他们的育儿目标，以及他们的行为是如何促进或阻碍实现这些目标的，这样就可以帮助身为父母的当事人自己找到其中的关键联系了。这样的讨论还有助于父母思考自己需要做些什么来支持和促进目标的达成。另一个有关的方法是探索父母在养育子女方面的价值观，并比较他们当前的行为是否符合其育儿价值观。在动机式访谈中，上述方法或对策被称为探索目标/价值观。

不符合/有些符合/符合动机式访谈探索目标/价值观的例子

下面呈现了从业者以不符合动机式访谈、有些符合动机式访谈以及符合动机式访谈的方式探索当事人的目标/价值观的例子。

当事人说："马戈总会事无巨细地管着本杰明。我觉得儿子需要更多的个人空间，才能做他自己，才能成为一个正常的孩子。"

不符合动机式访谈："嗯，关于如何养育本杰明，你和马戈似乎有分歧。你们的目标，或者说你们希望的是，本杰明成为一个健康、独立的男孩，但你们夫妻二人对于如何实现目标意见不同，而这种分歧也正在阻碍本杰明达成这些目标！"

这段话是不符合动机式访谈的。虽然从业者在这两句回应中都先反映了父母之间的意见分歧，这本身是符合动机式访谈的做法，但接下来，从业者就给自己预设了专家角色，直接主张并告知了对方"父母意见分歧"和"养育目标"之间的联系,而没有唤出当事人自己讲述这二者之间的关系。此外,从业者也就孩子的问题责备了两位当事人,即讲了是其教养方式在阻碍孩子的健康和独立。而无论从业者的这一观察是否正确,这种做法都是不符合动机式访谈的。因为这等于在选边站(主张两位当事人需要做改变),所以可能会引发当事人的防御以及不和谐。

有些符合动机式访谈:"关于如何养育本杰明,你和马戈似乎有分歧,这是很正常的。咱们应该如何解决这些分歧呢?"

这个回应是有些符合动机式访谈的。从业者承认父母之间存在分歧,并予以正常化。然后从业者询问了一个开放式问题,邀请当事人分享他们的想法和观点。不过,这个提问聚焦的是如何解决问题,而不是探索目标和价值观。所以,在没有唤出当事人改变动机的情况下,从业者就过早地跳到了计划过程上。

符合动机式访谈:"你和马戈都全心全意地关注本杰明的健康。同时,对于怎样更好地帮助本杰明,你们有不同的意见。我也在想,咱们是否可以拿出一些时间来讨论一下你们教养孩子的目标。你们各自对于本杰明的培养目标是什么,希望他的未来是怎样的呢?(等待当事人回应。)那么这些目标又与你们所认为的、帮助他管理糖尿病的最佳方式有怎样的关系呢?"

符合动机式访谈:"你和马戈都全心全意地关注本杰明的健康。同时,对于怎样更好地帮助本杰明,你们有不同的意见。或许咱们也可以讨论一下,在教养孩子上,你们看重的是什么。也就是为人父母,你们的价值观是什么呢?(等待当事人回应。)这些价值观与你们帮孩子管理糖尿病的做法之间有怎样的关系呢?对于帮助本杰明而言,你自己所看重的与配偶所看重的,有哪些相似之处,又有哪些不同之处呢?"

从业者的上述回应都是符合动机式访谈的,有几点原因。第一,从业者肯定了父母双方都在全心全意关注孩子的健康。而且,从业者以一种非评判的方式反映了父母之间的分歧。第二,从业者是在引出当事人自己的育儿价值观,以及这些价值观和他们对于抚养孩子的观点／做法之间的关系。

参考对策3：权衡决策

考虑到父母双方或者其中一方对于学习教养技巧或改变自己的教养方式最初只处于前思考期,从业者跟他们探讨参加父母训练的利弊可能是有帮助的。如果父母双方都参加了这个讨论,那么务必引出他们各自的利弊看法。一种方法是,鼓励父母合作,共同写出一张利弊清单。另一种方法是,请他们各自写出自己认为的利弊,然后请他们进行讨论。

不符合／有些符合／符合动机式访谈权衡决策的例子

下面呈现了从业者以不符合动机式访谈、有些符合动机式访谈以及符合动机式访谈的方式运用权衡决策与父母工作的例子。

当事人说:"马戈总会事无巨细地管着本杰明。我觉得儿子需要更多的个人空间,才能做他自己,才能成为一个正常的孩子。"

不符合动机式访谈:"你觉得本杰明需要更多的空间,才能成为一个正常的孩子。一方面,我赞同给孩子空间,让他们'正常成长',这是有益的。另一方面,我也能理解马戈的看法,即本杰明可能需要你们的有序安排来帮助他控制糖尿病。"

从业者只反映了分歧意见中一方的观点(父亲一方的观点)。然后,从业者未经许可就提供了他自己对于父亲观点利弊的看法,而没有去引出两位当事人的看法。这可能会让当事人觉得,从业者更看重他自己的意见,而不是当事人的意见,所以可能会加剧不和谐。

有些符合动机式访谈："所以对于怎样更好地帮助本杰明，你们俩有不同的意见。或许咱们也可以讨论一下，学一些帮助他管理行为的新方法会有哪些好处，以及不学习这些新方法可能有哪些坏处。"

从业者先反映了父母双方的意见分歧。然后，从业者引出倾向改变的主张，似乎也在运用权衡决策。不过，从业者并没有尝试探讨改变的坏处，以及不改变的好处。因此，从业者已经陷入了"选边站"的陷阱（支持做改变）。而且，如果从这对父母已经分享的意见来看，从业者回应中的这种侧重很可能会被认为是在选择支持父母中的一方，所以可能也会引发另一方的不和谐。

符合动机式访谈："你们俩都很关心本杰明，也都希望他健康成长。同时，对于怎样更好地帮助本杰明，你有不同的意见。或许咱们也可以讨论一下，对于去学一些帮助他管理行为的新技巧，你俩各自认为的利弊有哪些。而且如果可以，咱们也分别讨论一下，对于改变或不改变自己的教养方式，每一种选择各有什么坏处，以及各有什么好处。同样要听听你们每个人的看法，这样可能更有帮助。"

这段话是符合动机式访谈的，有几点原因。第一，从业者肯定了父母双方都在全心全意关注孩子的健康。第二，从业者反映了父母之间的分歧，并将这种分歧重构为"双方都想更好地帮助儿子"。第三，从业者运用了权衡决策，首先询问了比起目前的做法，尝试做改变的利弊。第四，从业者特别强调了需要父母双方都来分享自己的观点，从而避免了可能被认为是在选择支持其中的某一方。第五，从业者并没有偏重或主张哪个方向（改变或持续现状），这一点是权衡决策的关键所在。

临床挑战2：与团体工作

情况描述

对健康及行为健康领域的从业者来说，为更大规模的人群（包括高危群体）提供服务的需求在日益增加（Kazdin & Blaze，2011；Prochaska & Norcross，2010），所以团体形式的干预越来越受欢迎（Schneider Corey, Corey, & Corey, 2010）。团体工作，无论是处理心理健康或者躯体医疗问题，还是促进当事人通过自助的方式改善健康，都能让从业者同时处理多位当事人的共同问题，使用多位当事人的优势／强项、体验及经验，并促进当事人之间的相互支持（Forsyth，2011）。提到团体，大家可能会想到有一群人围坐成一圈，谈论着自己内心深处的秘密；或者是那种12步戒酒团体，某位成员先讲述了自己的"人生低谷"，然后其他成员也分享相关的经历。团体可以有多种形式，从侧重个人探索、聚焦过程的团体，到针对特定问题的治疗团体（例如，治疗社交焦虑的认知行为团体），再到教育性质的团体（例如，为等待器官移植的当事人提供医疗知识的教育团体）（Wagner & Ingersoll，2013）。因为通过团体来处理行为和健康问题已经越来越重要了，所以从业者可能经常需要带团体。不过，很多从业者其实并没有这方面的训练或经验，特别是如何在团体工作中整合动机式访谈。比如，只要我们反思自己所受的教育和训练，就能认识到我们在团体工作上的储备很有限、很不足。

所以，本节旨在讨论从业者如何运用动机式访谈来处理在团体工作中遇到的临床挑战。鉴于动机式访谈的应用领域很广泛，所以也有越来越多的团体工作已经开始结合或融入动机式访谈了。已开发的动机式访谈团体包括但不限于：干预高危青少年酒精和药物使用的团体（D'Amico, Hunter, Miles, Ewing, & Osilla, 2013）、促进遵医嘱服用HIV药物的团体（Holstad, DiIorio, Kelley, Resnicow, & Sharma, 2011），以及减少辍学的团体（Ena & Dafiniou，2009）。不过，以单独运用动机式访谈的团体来促进行为改变的理念还较新，更常见的是将动机式访谈与其他的循证方法（如认知行为疗法）相整合，所以这方面的研究目前还比较有限（Wagner & Ingersoll, 2013）。同样，因为动机式访谈最初是为了促进个体行为改变而开发的，所以在团体中应用可能也会有一些水土不服。总之，如果大家希望学习如何带领动机式访谈的团体，那么我们推荐你阅读瓦格纳（Wagner）和英格索尔（Ingersoll）的《团体动机式访谈》（*Motivational Interviewing in Groups*）一书，该书对此有更全面、更详细的探讨。

无论有没有带领过团体，你都可以想象，与一群人工作和与一个人工作相比还是很不一样的。所以，与团体工作时也会遇到一些独特的挑战，例如：需要同时关注多位成员的需求与目标；有更复杂的影响因素，如团体成员之间的人际问题；各位成员对于团体的参与程度不同。施奈德·科里（Schneider Corey）及其同事（Schneider Corey et al., 2010）列举了团体带领者可能会遇到的几种挑战和问题行为。在本节，我们将聚焦于探讨这些挑战，包括团体中的个人内在挑战以及人际困难。

个人内在的挑战

进入团体的每个人都有其独特的预期、目标以及个性特征，而这些也会影响他们在团体中的外显和内隐行为。当事人在内心之中可能对于转介到团体有顾虑，对参加团体有担心，对于团体的参与度以及改变的准备度不一样，对于相应主题的知识储备不一样，对于自己和其他成员的关系以及其他成员会怎么对待自己的认识和理解也都不一样（Schneider Corey et al., 2010）。面对这些挑战，团体带领者的任务是处理好当事人的多样性，从而使团体成为对所有当事人都有意义、有价值的一种经验。

> **个案**
>
> 凯拉是一名护士,在器官移植中心工作。她的一部分工作是为新近确诊肝病的患者主持一个教育性团体。因为这是一个教育性团体,所以凯拉着重于讲授肝病以及器官移植的知识。在最近带领的一个团体中,凯拉注意到各位当事人对这个团体有不同的反应。塔比莎聚精会神地听着凯拉讲的每一句话,还做了大量笔记;不过,她好像也经常面露困惑,却又不曾提问过什么。托马斯好像没有注意听。雅各布好像越听越紧张。斯泰茜——本身就是一名儿科护士——看起来似乎是一副后悔参加、深感无聊的样子。凯拉觉得这些成员之间的互动不佳,也没有获得有助于他们管理疾病和治疗的重要信息,所以她对此很担心。

凯拉的经历是团体带领者经常遇到的,特别是在教育性团体中。她的经历表明,各种源自成员个人内在的挑战都会影响团体的发展及运转。就如本书所述,动机式访谈的一个贡献是培养当事人的参与(导进)。扬(Young, 2013)阐释了动机式访谈的精神及理念(见第二章)如何与建立团体凝聚力及制订目标相契合。此外,罗尔尼克、米勒和巴特勒(Rollnick, Miller, & Butler, 2008)也讨论过一些有助于教育性团体导进成员的对策。我们自己作为教育者,可以知道"教育"有多容易陷入"讲课"模式,我们也努力提醒自己如何在教学以及促进课内外小组互动上保持动机式访谈的风格。以下是一些动机式访谈的对策,可用来处理在团体工作中会遇到的成员个人内在挑战。

参考对策1:唤出式问题

在团体工作中使用唤出式问题,可以帮助从业者导进各位成员,避免陷入专家陷阱,并且营造出一种着重理解每一位成员独特需求的团队环境。特别是对那些具有特定焦点的团体,例如针对某一具体问题的教育性或结构化治疗团体(如针对强迫症的暴露治疗团体),这样的唤出式问题就更为重要了。运用唤出式问题有助于团体形成开放讨论的习惯。

不符合/有些符合/符合动机式访谈唤出式问题的例子

下面呈现了从业者以不符合动机式访谈、有些符合动机式访谈以及符合动机式访谈的方式在团体中使用唤出式问题的例子。

不符合动机式访谈："欢迎各位参加肝病患者团体。你们患病有多长时间了？有人之前参加过这种团体吗？谁认为这个团体会有帮助？有人想要学习如何改善自己的健康吗？"

这些提问都是不符合动机式访谈的，因为这些都是封闭式问题，可能也无法促进各位当事人开放性地、参与性地探讨。如果成员对这个团体体验感到不舒服或不确定，他们就容易给出极为简短的回答。而且其中有一些问题也带有评判性，可能会加剧成员的不和谐以及退缩，这与动机式访谈从业者希望引导的方向背道而驰。连续提问封闭式问题已让从业者陷入了问答陷阱，也会让当事人备感限制且愈发封闭。

有些符合动机式访谈："感谢你们来参加肝病患者团体。各位罹患肝病以后，在生活中遇到了哪些困难呢？"

这段话是有些符合动机式访谈的，因为从业者先肯定了各位成员，然后询问了一个开放式问题。不过，从业者询问的是与肝病有关的生活问题，所以陷入了过早聚焦的陷阱。在团体设置下，这种过早聚焦可能会引发不和谐，并减少成员之间的互动。

符合动机式访谈："感谢你们来参加肝病患者团体。我知道你们中有些人会对这个团体感到不确定——无论是自己期待有什么收获，还是预期团体会让自己做些什么。这都是很正常的。所以，各位对于这个团体都有哪些期待以及顾虑呢？"

这段话是符合动机式访谈的，有几点原因。第一，从业者先通过感谢人家的到来对来参加这个团体的各位当事人表达了肯定。第二，从业者正常化了当事人对这个团体抱有的期待和顾虑。第三，从业者没有询问封闭式问题或者跳到教育工作中，而是通过一个开放式问题来引出各位成员的期待和顾虑。通过这种做法，从业者就表明了自己想要了解各位成员，看重开放性的交流，也希望各位成员更加投入地参与团体。

参考对策2：讨论团体工作的利弊

成员对于团体的参与度可能不同，对于团体所促发之改变的准备度也不同。对于同一团体，成员往往都有不同的预期和关注点，而且他们对于团体工作的了解和体验也都不一样。讨论团体工作的利弊可以帮助从业者和当事人一起澄清成员对于某一特定团体的独特预期、希望、关注及顾虑。在团体工作中，从业者既可能听到成员相同的利弊表达，也可能听到他们各自完全不同的意见与看法。所以，从业者务必保证每一位成员都有机会表达自己对利弊的看法，这就需要特别邀请一两位当事人分享。

不符合 / 有些符合 / 符合动机式访谈讨论团体工作利弊的例子

下面呈现了从业者以不符合动机式访谈、有些符合动机式访谈以及符合动机式访谈的方式讨论团体工作利弊的例子。

当事人1说："我也说不好这种团体有没有帮助。我只是来做移植手术的啊！"

当事人2说："我不知道——我估计，也许我们可以学到一些有帮助的东西吧。"

不符合动机式访谈："听起来，对于这个团体的作用，各位好像有不同的看法。那么我就花点时间跟大家讲讲这个团体可以如何帮助每一位成员在罹患肝病的情况下更好地生活。"

从业者先反映了成员有不同的观点。不过，从业者并没有去探索成员对于该团体利弊的看法，而是开始提供她自己关于团体工作好处的看法。从业者的这种做法在暗示自己的观点更正确，也更有价值，所以她已经落入了专家陷阱。而且，从业者只关注好处就陷入了选边站的陷阱，这样做可能会导致当事人回应对于团体的反对或反感。

有些符合动机式访谈："大家可能都关心，自己得了肝病，有什么可以最好地帮到自己。如果大家觉得可以，我想分享一些关于移植医疗团队为何认为这样的团体对于所有移植等待者都很重要的信息。然后，在这次团体会谈结束之前，我也很想听听各位对此的看法。"

这段话是有些符合动机式访谈的。从业者反映了团体成员关心团体可以如何帮助自己，从而表达了共情。从业者也提到了在团体会谈结束前会回应成员的问题或顾虑，并且为分享信息征求了许可，这些做法都有助于提升合作感。不过，从业者尚未征询当事人的意见，就为这次团体会谈设定了议题，并将当事人的讨论时段安排在了会谈的末尾，所以这是从业者在为自己预设专家角色。对于那些还对团体感到不确定的成员，这样做可能会加剧他们的不参与以及不和谐。

符合动机式访谈："大家可能都关心，自己得了肝病，有什么可以最好地帮到自己。同样，每个人对于这个团体能否有帮助也有不同的看法。这是很合理的，因为各位都是独特的个体，也都希望收获最适合自己的、对自己最优的帮助。也许，咱们可以讨论一下每个人对于参加这个团体的利弊有什么看法。塔比莎，让我们听听你对此有何看法？"

这段话是符合动机式访谈的，有几点原因。第一，从业者先反映了成员在寻求对自己最优的帮助，从业者借此表达了自己希望和每一位成员合作的愿望。第二，从业者提到了一个事实——对于这个团体的作用和价值，每位成员都有不同的看法——从而正常化了这些差异，并强调和支持了各位当事人的自主性。第三，从业者询问了每一位成员对于参加这个团体的利弊的意见,从而促进了团体的讨论,避免了选边站或为团体"辩护",并且表达了一种希望开放讨论的愿望,包括欢迎和倾听各位成员的不同见解。

参考对策3:引出-提供-引出

大多数团体都需要从业者给出相应的信息,可能会涉及:疾病/障碍、罪案细节和法律问题、治疗方法、团体规则或者其他多种主题。引出-提供-引出是一种符合动机式访谈的方法,让从业者既可以导进团体成员,又可以与之分享信息。从业者使用引出-提供-引出,特别是通过第一个引出,还可以了解到成员已知的内容和未知的方面。相比该技巧在本书其他章节中的应用,当在团体中使用这个方法时,从业者需要关注所有成员的回应,并确保所有成员都有机会表达自己的意见,无论是在提供信息之前,还是在提供信息之后。

不符合/有些符合/符合动机式访谈引出-提供-引出的例子

下面呈现了从业者以不符合动机式访谈、有些符合动机式访谈以及符合动机式访谈的方式在团体中使用引出-提供-引出的例子。

不符合动机式访谈:"那咱们今天先从改变与肝病有关的生活方式说起吧。很多人认为,只需要医学治疗或肝移植,他们的健康就能得到改善了。不过,大家也可以在生活方式上做出很多改变,来帮助自己改善健康。实际上,如果你们之后要做移植手术,那也需要提前改变很多行为来做准备。这些内容是咱们今天都会讨论的。"

这段话是不符合动机式访谈的,而且可能还会引出持续语句,即成员表达不改变的话语。从业者落入了专家陷阱,基本上是在给团体"讲课"。从业者没有引出成员对于肝病或有关改变的理解和看法。同样,从业者也没有引出成员对于这些信息的反馈。

有些符合动机式访谈:"有很多不同的因素对患有肝病后的生活都会有影响。在咱们讨论这些因素之前,我想先问问大家,你们每个人对于管理肝病已经了解了哪些内容。都有谁想来讨论一下,关于行为改变和管理肝病之间的关系,你们的了解和看法是什么?(等待当事人回应。)感谢大家分享自己的知识和看法。其实,人们可以做出的最重要的改变就是停止喝酒并且按医嘱服药。你们觉得呢?"

这段话是有些符合动机式访谈的。因为从业者表达了共情,表达自己听到并承认有很多的因素都会影响患者的生活,并且使用了引出-提供-引出。不过,从业者过早聚焦于"行为改变",而在了解成员的已知内容上着力较少,所以了解得可能不全面,会错失或遗漏一些信息。另外,从业者询问的是"都有谁想来"这样一个封闭式问题,所以在本质上可能更多地偏向了寻求认同,而不是通过提问来引出成员对于从业者所提供信息的反馈。

符合动机式访谈:"有很多不同的因素都会对患肝病后的生活有影响。在咱们讨论这些因素之前,我想先问问大家,你们每个人对于管理肝病已经了解了哪些内容。如果大家觉得可以,咱们就轮流分享一下自己了解或者听过的管理肝病的内容,因为我相信每个人对此都是有一些了解的,大家可以讨论一下。(等待当事人回应。)嗯,听起来,所有人都已经掌握了许多有价值的信息。假如我可以补充,那么有一个方面也许还能讨论一下,那就是生活方式的改变,比如停止喝酒、更健康地饮食等,这可以更好地帮助大家管理肝病。让我们听听大家对此的看法,如何?"

这段话是符合动机式访谈的,有几点原因。第一,从业者表达了共情,也表达了自己听到并承认有很多因素都会影响患者的生活,而且并没有提及任何一个具体的方面,从而规避了过早聚焦的陷阱。第二,在提供信息之前,从业者先引出成员已知的信息,并强调她希望听每一位成员分享。这体现了从业者相信每一位成员对于这个话题都掌握了重要的信息,而且看重每个人的分享。第三,在成员分享之后,从业者再次反映并强化了"成员对此知道很多"。第四,从业者先征求许可,然后提供了信息,又征询了成员对于该信息的反馈。

参考对策4:团体计划

我们之前讨论了从业者在与个体工作时,如何以符合动机式访谈的方式来做计划;不过,如本章所述,个体工作和团体工作是有很多区别的。其中一个区别就是团体成员可能会有各自想实现的目标。而这些目标上的差异可能会阻碍团体取得进展或干扰整体性目标的达成。在第三章中,我们讨论了符合动机式访谈的计划过程。在根据与多人工作的特点做出调整之后,从业者也可以通过做计划(计划过程)来唤出每个成员参加团体的理由和目标,然后引导并促进关于建立团体目标以及形成团体成果的交流讨论。

不符合/有些符合/符合动机式访谈团体计划的例子

下面的例子呈现了从业者可以如何通过做计划来帮助成员做好准备,从而更顺利地参与团体。

当事人1说:"我愿意参加这个团体试试看,不过我真的不确定,是否会有帮助。"

当事人2说:"嗯,好像我们需要先进行这个环节,然后才能去做移植手术。"

当事人3说:"我不知道——也许我们可以学到一些对肝脏有帮助的内容吧。"

不符合动机式访谈:"所以听起来,有些人对于这个团体是感到不确定的。你们可能更关心或只关心移植手术。而参加这个团体又是手术之前的一个环节。所以,就算你们感到不确定,来定期参加这个团体还是很重要的。咱们在这个团体中会讨论很多内容,包括器官移植的过程、如何按医嘱服药,以及在术前、术后怎样调整和改变生活方式。信息量很大,当然咱们主要还是会讨论大家感兴趣的内容。"

这段话是不符合动机式访谈的。虽然从业者先反映了成员不同的看法，但是接下来的几句话可能会让那些对团体有所顾虑的成员感受到被面质，从而引发不和谐。而且，从业者直接就给团体开具了一个方案，并没有引出团体成员的期望或目标。从业者也预设了（而不是从当事人那里唤出）成员有决心实现他们的目标。她在告诉当事人该怎么做，并预设自己的方案可以满足各位成员的不同需求，这种做法是背离合作的，可能会削弱成员的自主感，或者降低他们对团体的参与感和投入感。

有些符合动机式访谈："大家对这个团体都有不同的看法。那么在继续后面的内容之前，咱们或许可以拿出一些时间，来讨论一下大家来参加这个团体的原因。（等待当事人回应。）嗯，大家来参加这个团体是有各种各样的原因的。那么，咱们这个团体应该制订一个怎样的计划来方便方案的落地呢？"

这段话是有些符合动机式访谈的。从业者先做了反映，表达了收到并承认成员对这个团体有不同的看法，并尝试引出成员对于参加团体的理由。不过，从业者并没有明确地从每一位成员那里引出信息。此外，虽然从业者试图引出成员的计划方案，但她只是询问了一个笼统的问题，而没有针对性地询问每一位成员的想法，所以可能会错失或遗漏一些重要的提议。

符合动机式访谈："我听到大家对于这个团体是否会符合自己的需要有不同的看法。在我看来，这既合理又正常，因为每个人都知道哪些方面可能最适合自己、最有帮助。那么在继续后面的内容之前，或许咱们可以拿出一些时间来讨论一下每个人来参加这个团体的原因。（等待当事人回应。）嗯，大家来参加这个团体确实有不同的原因，比如为了之后的手术，比如想学习如何改变生活方式以管理肝病。既然我们已经知道了各位来参加这个团体的原因，那么也许可以接着聊聊团体活动的计划，看看怎样最好地发挥这个团体的作用。"

这段话是符合动机式访谈的，有几点原因。第一，从业者先做了反映，表达了自己听到并尝试理解成员对于团体的不同意见。第二，从业者引出了各位成员对于参加团体的不同理由，并反映和强化了这些理由。第三，从业者提及并引入了关于制订团体计划的提议，从而让团体对每一位成员都更有价值。这是基于共情与合作的做法，而后续制订的计划方案可能对每一位成员更具个人意义，他们也会更加地关注和投入。就如团体工作的其他对策一样，从业者在此处也对每一位成员予以了关注，从而确保成员都参与进来。各位读者也可以使用表7.1这样的模板来引导团体成员做计划。但请大家注意，这不是说可以直接把这个表发给团体成员，而是说我们可以使用其中的问题来做引导，并用白板、黑板或活页挂图来画出这个表。我们还可以从团体中招募志愿者，请他们来担任记录员，将团体的回答记在白板、黑板或活页挂图上。

人际困难

一个团体是由多位个体组成的，而每一位个体又都有自己的成长史、个性、习惯、沟通风格以及小困扰。因此，团体中有人际困难，既在情理之中，也在意料之内——就好像持续语句与不和谐也是常态。团体带领者要发挥的一个作用就是建立成员之间的凝聚力并管理这些人际困难（Wagner & Ingersoll, 2013），而符合动机式访谈的对策可能对此特别有帮助（Young, 2013）。施奈德·科里及其同事（Schneider Corey et al., 2010）辨识了团体中经常发生的几种"问题行为"，这些行为在表7.2中有所列出。有一些团体工作的取向，建议从业者直接挑战这些行为并鼓励团体成员也这样做。但在动机式访谈中，回应这些行为的第一步是从业者先从动机式访谈的视角出发，将这些行为视作自然、常态发生的不和谐。能将这些问题行为重构为不和谐，也意味着团体的焦点、讨论或互动方式需要一些改变了。以下是一些动机式访谈的对策，可用来处理团体工作中的人际困难，帮助从业者管理团体中的问题行为。

表7.1　团体计划表示例

团体计划——示例

我们每个人想要参加这个团体，其中最为重要的原因分别是：
1. 这样我就可以更好地管理肝病了
2. 这样我就可以进入下一步的移植手术了
3. 这样我就可以更了解自己的疾病了
4. 这样我太太就不用再唠叨我了

我们团体的目标是：
1. 更好地了解并理解肝病
2. 学习关于器官移植过程的知识
3. 更好地了解并理解服药方面的知识
4. 我们可以依靠自己，更独立地管理好自己的肝病

为了顺利完成团体目标，我们一定会：
1. 定期会面
2. 尊重每一位成员的意见
3. 在团体中开放性地讨论大家的意见与反馈
4. 参加所有的团体学习活动

可能会干扰团体顺利完成目标的有：
1. 成员都不参与
2. 不尊重不同的意见
3. 对团体的某些内容不感兴趣

我们可以互相帮助的是：
1. 互相鼓励
2. 互相提醒我们的团体目标是什么

如果我们没有像自己希望的那样"坚持参与"团体或者是想放弃了，那我们该怎么办？
1. 互相提醒我们为什么来参加团体
2. 互相支持
3. 互相提醒团体已经给了我们怎样的帮助

表7.2　团体中的问题行为

行为	描述
垄断	某位成员一个人占据了大部分团体时间，来谈论他自己关心的内容
跑题	某位成员经常偏离讨论的主题，跑到了其他的内容上
故意	某位成员以一种被动攻击或明显攻击的方式来回应其他人
彰显优越	某位成员要表现得高人一等，或者以某种方式来表明自己比别人优越
社交	成员在团体中进行私下谈话，或进行与团体无关的社交性讨论

改编自 Schneider Corey et al.（2010）。

个案

约翰是一位治疗物质滥用的咨询师，他在一个基于社区的针对物质滥用的强化门诊治疗项目中带领了一个有12位成员的认知行为治疗团体。在目前的这个团体中，约翰发现有几位当事人似乎在干扰团体的进程。史蒂夫是一位非常活跃的参与者，约翰也很欣赏他的热情以及对团体的贡献。不过，史蒂夫似乎垄断了大量的团体时间，留给其他成员分享看法与感受的时间少得可怜。而且，史蒂夫还经常问一些问题或发表一些观点，都跟约翰尝试引导大家讨论的话题无关。莎丽好像总是不太愿意参与这个团体。约翰观察到在其他成员提问或回答问题时，莎丽会翻白眼或者小声嘀咕着讥讽的话语。莎丽似乎觉得自己不至于像其他成员那样"烂透了"，所以她怀疑这个团体能否让自己有什么收获。另外，特丽莎、鲍勃和萨拉经常窃窃私语、轻声偷笑，或者在团体中互传纸条。约翰注意到，周围的其他成员好像对这三人的小团体社交感到不舒服。

参考对策5：转换焦点

正如这个例子所展示的情况，有时候，不和谐可能是由所聚焦的讨论主题引起的。一些团体治疗的取向（如聚焦过程的团体）会鼓励从业者挑战这些不和谐，但这不是动机式访谈的做法。在动机式访谈中，不和谐是一种信号，表示需要做出某些改变了。相应的一个对策就是将焦点从可能引发不和谐的话题或讨论上移开。不过，从业者务必先表达已收到这些反馈，并已尝试理解当事人的行为以及其他成员的回应，然后再转换焦点，从而避免表达出这样一种含义：从业者对团体成员的行为感到不舒服，成员不能再去自由开放地表达自己了。当有成员垄断团体时间时，从业者同样可以使用这个对策，将焦点从那位进行垄断的成员身上转换到其他成员那里。

不符合／有些符合／符合动机式访谈转换焦点的例子

下面的例子呈现了从业者如何以不符合动机式访谈、有些符合动机式访谈以及符合动机式访谈的方式运用转换焦点，以管理团体中的不和谐。

当事人说："我跟你们这些人都不一样。我可不碰那些破毒品，我只是喝酒罢了。"

不符合动机式访谈："咱们不讨论对于不碰毒品，谁做得更好或更差。咱们要讨论毒品会如何影响我们的肝脏。"

这段话是不符合动机式访谈的。因为从业者无视了这位成员对团体表达的质疑与顾虑，并扮演了专家角色。这样的回应可能会被对方感知为面质，从而加剧不和谐。此外，该回应还可能让这位成员在团体中更加被动，而不是更主动、更活跃。

有些符合动机式访谈："感谢分享。那么毒品或酒精都在哪些方面影响了大家的生活呢？"

这段话是有些符合动机式访谈的。因为从业者以非面质的方式表达了接收到当事人的发言，并转换了焦点。不过，从业者回避了这位成员的不和谐语句，没有倾听和尝试理解对方的质疑与顾虑，暗示了"团体中的不同意见没有价值，不需要重视"。这样的回应可能导致这位当事人脱离团体，改变的动机减弱。

符合动机式访谈："对于团体成员在物质使用上的差异，你有些顾虑和担心。咱们现在就讨论物质使用的情况可能还是略微有点儿超前了，我也在想咱们是否可以先来说说每个人希望通过这个团体收获些什么。"

这段话是符合动机式访谈的。从业者先通过反映回应了当事人的关切和顾虑，同时没有表态同意或不同意当事人的看法。然后，从业者将讨论的焦点从物质使用的差异上移开，转换到讨论每一位成员希望从团体中取得怎样的收获上。这样的回应也有机会进一步转入对团体规则和规范的探讨。

参考对策6：反映性倾听

反映性倾听是动机式访谈最核心的技巧，也是在所有动机式访谈风格的沟通中可以随时运用的。在团体工作中，反映性倾听可以发挥多种作用（Wagner & Ingersol，2013）。第一，团体带领者可以使用反映性倾听来回应人际困难。通过这样的反映性回应，从业者为团体成员示范了回应他人的其他方式或选项。第二，从业者可以促进团体成员也使用反映性倾听来相互回应。

不符合 / 有些符合 / 符合动机式访谈反映性倾听的例子

下面的例子呈现了从业者如何运用反映性倾听来管理团体中的人际困难。

当事人说："我跟你们这些人都不一样。我可不碰那些破毒品，我只是喝酒罢了。"

不符合动机式访谈："这是一种常见的误解——酒精也算一种物质，也算一种毒品。"

这个回应不是反映性倾听，也不符合动机式访谈。虽然从业者给出了正确的信息，但这是针对当事人发言的直接面质。而且这样的回应可能会火上浇油，进一步促使那些感到被这位当事人的话语贬低的其他成员表达怨恨与敌意。

有些符合动机式访谈:"你只是喝酒。"

这个回应是反映性倾听,也是有些符合动机式访谈的。从业者听到了并尝试去理解当事人的关切和顾虑,而且克制了自己的"翻正反射"。不过,这样一个简单反映可能无法引导谈话向着建设性的方向发展。因此,虽然没有做错什么,但从业者使用这样的反映可能就错失了机会,没能导进其他的团体成员,更多地引出这位成员的顾虑与不和谐,或者将焦点转换到更可能促发改变的话题上去。

符合动机式访谈:"你并不确信自己适合这个团体,因为你只是喝酒。"

从业者反映了这位当事人对于自己加入该团体的不认同,这是符合动机式访谈的。从业者既没有就自己是否同意当事人的说法表态,也没有面质当事人的看法。从业者只是表达了自己听到了当事人表达的内容。这样有选择地反映了当事人话语中的特定部分可能也有助于将讨论转到更有建设性的话题上来,如讨论不同的治疗需求以及每一位成员的目标。

符合动机式访谈:"我听到你分享了自己对于参加这个团体的看法。同时,我也想知道,团体中的其他人从你的分享中听到了什么。也许每一个人都可以对你们听到的内容做一个反映性倾听。(等待每一位成员的回应。)感谢大家的回应。或许你也可以用反映性倾听将自己听到的不同回应再回应给团体成员。"

这段话是符合动机式访谈的。因为从业者尝试促进团体成员使用反映性倾听来沟通和讨论。从业者先表示听到了,并尝试理解这位当事人的发言。然后从业者提示并邀请其他成员使用反映性倾听来回应所听到的内容。从业者肯定了其他成员的回应,并邀请这位当事人再使用反映性倾听来回应她所听到的内容。

参考对策7：引出团体成员的优势/强项

如果当事人在团体中体验到了与某位或多位其他成员的人际困难，那么他就更容易关注对方的负面内容。从业者可以通过引出成员的优势/强项以及正向品质，来尝试化解这些人际困难。

不符合/有些符合/符合动机式访谈引出团体成员的优势/强项的例子

下面呈现了从业者以不符合动机式访谈、有些符合动机式访谈以及符合动机式访谈的方式引出团体成员的优势/强项的例子。

当事人1说："我跟你们这些人都不一样。我可不碰那些破毒品，我只是喝酒罢了。"

当事人2回应说："你有什么资格这么说？你自己的情况可比我们每个人都糟糕啊！"

不符合动机式访谈："好啦，我要介入一下了，因为根据咱们的规则，这样的团体行为是不恰当的。"

对于团体带领者而言，这可能是常用的一番话，旨在提醒各位成员如何参与团体讨论并避免分歧或冲突愈演愈烈。不过，从业者在这里为自己预设了专家的角色，并给这些行为贴上了评判性标签——"不恰当"。虽然在某些团体中，这种回应可能是适宜的做法，尤其是可以强化团体的规则和行为，但这种回应是不符合动机式访谈的。

有些符合动机式访谈："对于你们两位正在展开的方向，我是感到担心的。所以如果你们觉得可以，咱们暂且退后一步，先来聊一聊我们从彼此身上都看到了哪些优势/强项。"

这段话是有些符合动机式访谈的。因为从业者先以一种非面质的方式表达了他的关切与担心。不过，从业者没有先征求许可就打断了这两位成员的讨论。而且，从业者也只是分享了他自己对于该情境的看法，而没有引出其他成员对此的看法。同样，从业者在引导讨论正面品质时也没有涵盖其他的团体成员，而只是聚焦于这两位成员。

符合动机式访谈："如果团体成员都同意，我想先插个话，1分钟。对于你们两位正在展开的方向，我是感到担心的，同时，我也想知道其他成员的感受。（等待其他成员的回应。）我也在想，我们是否可以暂且退后一步，先来聊一聊我们从每位成员身上都看到了哪些优势／强项，以及这些优势／强项会如何帮助我们的团体实现大家的目标。"

这段话是符合动机式访谈的，有几点原因。第一，从业者先征求许可再予以介入，而不是直接打断。第二，从业者接着分享了他自己对于该情境的看法，并且邀请团体中的其他成员也来分享自己的看法。第三，从业者在引导全体成员来讨论彼此的优势／强项，以及每位成员的优势／强项会如何帮助这个团体向目标前进。

本 章 总 结

在本章，我们向大家介绍了使用动机式访谈与多人工作时的临床挑战。与多位个体一起工作会对动机式访谈的运用造成一些独特的挑战，因为不同的人可能在动机水平上、改变或不改变的理由上、关注的焦点或问题上都有所不同。因此，在本章中，我们强调了需要就这些方面关注参加会谈的每一位个体，并展示了可以如何运用不同的动机式访谈对策来与父母及团体工作。虽然我们并未特别探讨动机式访谈的团体，但也邀请各位读者一起预想：如何运用动机式访谈处理各位在团体工作中可能遇到的个人内在的挑战以及人际困难。我们尤其鼓励大家要有意识地针对全体成员运用动机式访谈，而不是只针对一两位成员运用。本章推荐的很多参考对策都可以帮助大家在与多人工作时保持动机式访谈的风格，并涵盖所有人的观点和视角。表7.3总结了这些临床挑战以及可供参考的动机式访谈对策。

表7.3　总结和与多人工作有关的临床挑战以及动机式访谈的对策

临床挑战	可参考的动机式访谈对策
与父母工作： 父母之间对于问题界定、改变动机以及改变方案的意见分歧	提供反馈和信息：以促进参与的、客观的方式来提供关于"儿童行为"以及"教养方式与儿童行为改变之间关系"的信息 探索目标/价值观：引出父母的育儿目标、价值观以及对孩子如何成长的期盼，并将这些内容与父母的教养方式进行比较 权衡决策：通过引出父母双方对于改变或不改变的利弊的看法，来促进权衡决策，旨在培养父母双方共同的改变动机
团体中个人内在的挑战： 可能会减缓团体形成与取得进展的个人因素及行为	唤出式问题：通过提问真正理解当事人的关切、担心以及动机，并通过对每位成员的关注与理解来促使成员积极参与团体 讨论团体工作的利弊：导进成员讨论参加团体的利弊，从而处理成员在改变准备度、动机以及对团体的关切和顾虑方面的差异 引出-提供-引出：在提供信息之前，先引出所有成员对于焦点话题已知的内容；在提供信息之后，再引出所有成员对于该信息的反馈。该对策可用于调和成员之间的分歧 团体计划：导进团体成员来参与设定共同的团体目标以及制订实现目标的方案。这有助于团体成员达成某些共识
团体中人际困难： 影响团体凝聚力和团体运转的成员行为或成员之间的互动行为	转换焦点：倾听团体中的不和谐，并将讨论的方向转到一个不太会引发不和谐的话题上来 反映性倾听：通过反映来关注和突出成员话语中的含义，可以由从业者来进行反映，或引导团体成员分别进行反映 引出团体成员的优势/强项：邀请团体成员相互说出每个人的正向品质以及优势/强项，从而化解成员之间的不和谐

第八章

学习与实施动机式访谈的挑战

正如第一章所述,动机式访谈并不容易学习。本书所呈现的许多对策及理念,看似简单直观,好像也符合习惯。但实际上,对于我们培训过的很多从业者而言,符合动机式访谈的方法其实都是不依习惯的,尤其是在动机式访谈最能发挥效果的那些情境中(例如,当事人愤怒或不悦,缺乏改变的动机,或者不认同从业者)。本章为大家提供了一些学习动机式访谈的窍门,这是基于我们作为动机式访谈的从业者、培训师、督导师以及动机式访谈研究者的身份,历经多年的发展与积累,发现有帮助的内容。在这些与动机式访谈有关的不同的、多元的经历中,我们从受训学员、当事人以及研究被试那里收获了很多宝贵的信息,这使我们更为深入地理解了动机式访谈的细微之处和精雕细琢,并摸到了学习动机式访谈的门道。在诸多方面,我们的历程都与威廉·R. 米勒博士理解和发展动机式访谈的过程不谋而合(Adams & Madson,2006)。因此,我们给出了这些窍门供大家参考,以便于你在开始发展或提升强化自己对动机式访谈的应用时予以考量。在本章的讨论中,我们也更细致地聚焦了在学习如何运用动机式访谈时会遇到的两种挑战:从业者感到挫败以及从业者的个人经历与当事人的相似。

窍门1：设定现实的期望

来参加动机式访谈培训的很多从业者或学生都抱有不现实的期望，即觉得自己可以很轻松地学会动机式访谈。之所以会这样，下述事实可能是一部分原因：很多从业者所认为的自己与当事人实务工作的动机式访谈水准，其实要比其真实的动机式访谈水准高很多（Miller, Yahne, Moyers, Martinez, & Pirritano, 2004）。而无论这些不现实的预期源于何处，它们都会导致学习者在动机式访谈的培训之中或之后感到失望和挫败。

米勒和莫耶斯（Miller & Moyers, 2006）发现，学习如何成功地实施动机式访谈的过程涉及八个独立的阶段或任务：(1) 放弃专家角色，开放自身心态，真正地与当事人合作；(2) 发展以当事人为中心的咨询技巧，包括准确地共情；(3) 辨识并选择性地反映改变语句；(4) 引出并增强改变语句；(5) 管理不和谐；(6) 制订符合动机式访谈的改变计划；(7) 巩固当事人的决心／承诺；(8) 将动机式访谈与其他干预取向相整合。对一些从业者，特别是那些接受过心理咨询或心理治疗培训的从业者而言，学习"动机式访谈的精神"以及"以当事人为中心的咨询"这些部分相对容易。但动机式访谈中更高级的以及比较独特的部分，比如"辨识并强化改变语句"和"引出并加强改变语句"，可能学起来会难很多，需要付出更多的努力和进行更多练习。而如果从业者的学科背景及其培训、实操和理念都与动机式访谈不怎么兼容，那么无论学习动机式访谈的哪个部分，这些从业者可能都会遭遇挑战（Schumacher, Madson, & Nilsen, 2014）。如第一章所述，对于很多从业者（包括心理健康领域的从业者）而言，通过集中的工作坊培训以及随后进行的5次教练（coaching）会谈，他们可能不足以达到动机式访谈专家级的胜任力水准，甚至无法达到动机式访谈入门级的熟练度水准（Madson, Schumacher, Noble, & Bonnell, 2013; Miller et al., 2004; Moyers et al., 2008; Schumacher, Williams, Burke, Epler, & Simon, 2013; Smith et al., 2012）。实际上，学习熟练运用动机式访谈的过程（如练习、实践、观察、教练）跟大多数人在各自学科中从学习到实践的过程是一样的。

我们强烈建议从业者及学生设定的期望要与自己所接受的动机式访谈训练量相匹配。基于经验，如果一位从业者能够接受工作坊的培训，再加上20次基于反馈的教练会谈，那么他很有可能可以达到动机式访谈专家级的胜任力水准（Schumacher et al., 2013）。而如果一位从业者没有时间或资源来完成这样的训练量（就如我们培训过的很多人一样），那么他仍然能学到一些有价值的动机式访谈的方法和理念，可以帮助他推动与当事人的工作。如果一位从业者还没有接受过任何正式的动机式访谈培训，但他也希望探索和尝试至少使用动机式访谈的某些做法和理念来促进自己的日常工作，那么这样的从业者可以参考本书。诚然，对于一位新手从业者来说，就算看过了这本书也不太可能学会操作动机式访谈，但他应该可以选择并使用其中的一些对策来协助自己更好地处理常见的临床挑战。不过，还需要提醒大家谨记动机式访谈精神的重要性，这也是我们贯穿全书、自始至终都在强调的内容。因为如果没有遵循动机式访谈的精神，那么即便使用了这些对策，很可能也是以不符合动机式访谈的方式来进行的。

窍门2：保持开放的心态

来参加我们培训的很多从业者都有一种非常强烈的、先入为主的信念，即确信某种方法或对策对于特定类型的当事人就是最佳的（Schumacher et al., 2014）。例如，在多年以前，有一位培训师分享过一位从业者对动机式访谈的评价："这种方法可能会对一些当事人有效，不过对于另一些当事人，你就得面质他们。"正如本章稍后会详细说明的，以我们的经验来看，那些被从业者认为最适合动机式访谈的当事人实际上往往最不需要动机式访谈，反之亦然。还有一些从业者会根据一两次尝试使用动机式访谈的情况（这些尝试通常都是不太符合动机式访谈的），过早地下了动机式访谈是否有效的结论。我们一直鼓励大家的是，如果一位从业者考虑采用动机式访谈，那么他一定要保持开放的心态。动机式访谈不是什么万能的灵丹妙药，也就是说，它并不能解决所有当事人的动机问题。但动机式访谈也与常规的助人方法很不一样（Miller & Rollnick, 2009），如果没有经过大量的动机式访谈训练，也只有极少的从业者能在自己的日常工作中游刃有余地运用它与当事人沟通。我们还记得自己早年尝试运用动机式访谈的那些会谈，刚开始，我们也不知道动机式访谈是否有效，因为我们对动机式访谈的理念和方法的执行与操作还达不到专家级水准。同样，我们也还记得我们最初真正"开窍"时的那些会谈：当事人似乎奇迹般地就从"仅仅是想了想改变"（思考期），甚至是"根本就不考虑做改变"（前思考期），进展到了对改变决心满满，并准备好付诸行动、落实改变的方案了（Prochaska & DiClemente, 1983）。如果从业者考虑采用动机式访谈（或者选择使用一些动机式访谈的对策），那么我们会鼓励他们与最具挑战性的当事人尝试使用，也就是他们坚信只能用面质来回应的当事人。我们也鼓励从业者先反复尝试动机式访谈（不仅仅是一两次），再去总结，看看是否要将动机式访谈作为自己的技能储备，将之收入囊中。我们认为，很有必要将威廉·R. 米勒博士的那句忠告铭记于心——"请跟我一样，向你的当事人学习"（Adams & Madson, 2006, p. 104）。

窍门3：获取客观的反馈

前面提到，动机式访谈的学习者通常无法很准确地评估自己的动机式访谈水平。比较常见的情况是，从业者容易高估自己的动机式访谈水平（Miller et al., 2004），不过根据我们的观察，有些学习者（特别是那些倾向于自我批评的学习者）也会低估自己的表现。而如果一位从业者不知道自己目前的动机式访谈运用得如何，那么恐怕他也没办法、没抓手去改进和提升动机式访谈水平。因此，一般都会建议动机式访谈的学习者获取客观的反馈（如Miller et al., 2004）。根据我们的经验，从业者知道也认可获得客观反馈会很有帮助，同时他们又很不情愿提交自己的会谈录音样本或许可其他人观察自己的实务工作，从而获得客观的反馈。有意思的是，我们曾做过一个关于如何改进动机式访谈培训的研究，当时，我们考虑过一个选项，即不要求学员提供会谈录音样本。因为我们注意到（其他研究者也有同样的发现）：从业者非常不情愿按要求提交会谈录音样本以供教练（例如，Schumacher, Madson, & Norquist, 2011；Schumacher et al., 2012）。为了检验这个假设，我们对所培训的从业者进行了非正式的调研，以了解他们对于"通过会谈录音样本获取客观反馈"的作用的认识。结果非常出乎我们的意料，因为即便是那些对提交录音样本表现出极大不情愿的学员，也都不约而同地表示支持这种做法。

快速查阅

学习动机式访谈的窍门
- 设定现实的期望
- 保持开放的心态
- 获取客观的反馈

培训挑战1：让从业者感到挫败的当事人

情况描述

我们会为已工作、已执业的从业者（非学生）提供动机式访谈的培训，来参加培训的从业者通常会在隐去可辨识信息的前提下讲述他们遇到的当事人的例子。从业者最常讨论的是那些和他们有着长期工作关系的当事人。有时，他们会讨论与当事人建立起来的长期正向关系。这类正向的关系一般体现为：当事人会参加每一次的预约会谈，会跟随从业者的引导，并且正面评价自己与从业者的工作体验。根据我们的经验，从业者谈论这些案例通常是为了举例说明：（1）从业者先前已经成功地运用动机式访谈促进了当事人的改变；（2）从业者认为动机式访谈可以对这些当事人"起效"。不过，如果更细致地回顾和分析第一类例子，通常就会发现：当事人在一开始与从业者会面时，就有很强的改变动机，正是这种内部动机促进和维系着长期正向的工作关系，而这不是动机式访谈的功劳。请注意，动机式访谈与常规的做法并不一样，它是不依习惯的，所以没有接受过动机式访谈训练的从业者其实不太可能运用动机式访谈（Miller & Rollnick，2009）。而如果更细致地回顾和分析上述第二类例子，通常也会发现：这些被认为"最适合做动机式访谈的当事人"实际上完全不需要做动机式访谈；因为即便没有动机式访谈，这些当事人也具有充足的内部动机来执行从业者的建议和／或制订并落实自己的改变方案。

当然，来参加我们培训的从业者更多地会讨论与他们（有时甚至是与机构或组织中的全体工作人员）有着长期负面关系的当事人。若以从业者的视角来看，这些长期的负面关系充斥着当事人失约、要求特殊对待、不依从建议、做出破坏性行为，不一而足。他们列举这样的当事人通常是为了说明动机式访谈体系所面对的一个挑战——这些当事人是无法从动机式访谈中受益的，所以有必要对他们使用更为面质性的、指导性的，甚至惩罚性的方法。虽然动机式访谈不是万能的灵丹妙药（Miller & Rollnick，2009），并不能保证解决所有当事人的所有问题，但如果更细致地回顾和分析这一类案例，通常会从中发现从业者与当事人的一种互动模式，这种模式可能加剧了持续语句及不和谐，而非减少分歧（Moyers, Miller, & Hendrickson，2005）。因为若以当事人的视角来回看这些长期的负面关系，不免充斥着从业者缺乏理解、不当对待（等候的时间很长、与从业者交流的时间不足、工作人员专横粗鲁）、不管自己是否需要就给出的建议、对峙／面质，或者直接命令。无论长期负面的当事人-从业者关系是什么原因造成的，可能都会让从业者备感挫败。下面的例子说明了长期的负面关系可能会引发从业者的挫败感。

个案

鲍勃被诊断患有严重的精神疾病,他来社区心理健康中心断断续续地做治疗大概也有20个年头了。这20年来,社区心理健康中心的工作人员见证过鲍勃在"好转期"和"恶化期"之间的循环往复。在"好转期",鲍勃会按医嘱服药,并参加其他形式的帮扶项目,如心理咨询和职业康复项目。而在"恶化期",鲍勃既不服药,也不听从其他建议,最后往往会流落街头或者锒铛入狱。这些恶化期通常会让从业者深感挫败,非常灰心。同样让从业者感到挫败的是,当鲍勃在一次"恶化期"之后再次回到社区心理健康中心寻求帮助时,他却闭口不谈,也不愿意讨论自己不依从治疗的事。而从业者认为,这种不依从正是导致他近期恶化与不幸的核心问题。相反,鲍勃会吐槽他的个案管理员,埋怨无法指望对方开车送自己去看医生,或者帮自己搞定福利金支票。

我们培训及合作过的从业者还讲述过,他们也会遇到一些只要进入当事人-从业者关系就"浑身带刺"的当事人。这些当事人认为自己遭受了不公平的对待(来自服务机构、家人、司法系统、社会环境或其他从业者,等等),认为现在的干预不适合或不能满足他们的具体需求,或者会提出导致当事人和从业者即刻或几乎即刻产生不和谐的话题。而对于怀着乐观之情、助人之心进入这段关系的从业者而言,这会让他们体验到巨大的挫败感。(因当事人被强制来访而引发的临床挑战详见本书第四章。)我(朱莉·A. 舒马赫)可以清楚地回忆起,有一次,另一位从业者的当事人来到了我办公室的接待区,他说他对自己的药物有疑问,别人说他可以来问我。作为一名心理学工作者(没有处方权),我不确定我能给对方什么帮助,不过我知道这位年轻人可能对我的治疗角色有误解,需要予以澄清。所以我们找了一处安静的、可以保护隐私的地方讨论他关心的内容。谈话刚一开始,他就劈头盖脸地大声指责我要给他停药。通过运用动机式访谈的精神和对策,我能够缓和局面并澄清了具体的情况,同时最重要的是,我避免了被这位当事人激发出挫败感或被他吓倒。下面呈现了一位当事人的例子,其言行可能会引发从业者即刻的挫败感。

> **个案**
>
> 蕾切尔在候诊室等了1小时,然后被叫到体检区进行产前检查。一位护士给她测量了体征指标,然后带她去检查室,但蕾切尔拒绝进屋并说道:"你们又要让我在这儿干等!我知道我不是医生,我也知道这是一家免费诊所,但我的时间也是宝贵的,请你们尊重我一下!"护士好说歹说,终于说服了蕾切尔走进了检查室并在检查台上坐好,然后护士开始询问自上次来诊后的健康情况,蕾切尔回答时继续冷言冷语,话里带刺。

参考对策:肯定清单

如第二章所述,在动机式访谈的会谈中使用肯定主要是为了帮助当事人发现和观察自己的优势/强项、资源以及过去成功做到或完成了什么,这些都是他们努力改变的基石。不过,根据多年以来对不同受众的培训经验,我们也发现了肯定的另一种潜在用法——帮助从业者发现和理解当事人的优势/强项、资源及其过去成功做到或完成了什么,从而减少从业者的挫败感。因为我们观察到,在那些让从业者感到挫败的沟通中,无论是面对发展了长期关系的当事人还是新近建立关系的当事人,很多从业者好像都出现了那种被社会心理学家称作"基本归因偏差"的现象(Ross, 1977)。基本归因偏差是指人们在解释他人的行为时,倾向于高估内在因素的影响,并低估情境因素的影响。我们推测,很多从业者在看待那些让他们感到挫败的当事人时都会有这样的认知偏差,因为他们会同我们如此谈论这些当事人:"他就是不想改变""你跟这样的人就没法交流""她就是来找事儿的"。同样,这一推测也来自我们未曾听到他们提起情境对当事人的影响,例如:"她每次过来都得在候诊室等上至少1小时""是他的药物导致了这些可怕的副作用""他在这20年中被分派给了12位不同的个案管理员"。

如在第二章所见,动机式访谈的基本精神不但有唤出(如改变语句),还有合作、接纳以及至诚为人。因为,从业者的挫败感以及与之相伴的对于相应当事人的负面看法，都会阻碍他们实践动机式访谈；所以，为了帮助我们所培训、教练以及督导的从业者克服这种常见的动机式访谈实务阻碍，我们会请从业者先列出5个（越多越好）优势／强项或者他们成功做到、完成的事情，来描述相应的当事人，再来讨论可使用的动机式访谈对策。我们发现这样做是有帮助的。通过关注当事人值得肯定的特点及做到或完成了什么，从业者对当事人的看法往往会发生转变，也能够更好地做到合作、接纳以及至诚为人。而这些合作、接纳以及至诚为人的动机式访谈精神反过来又能让从业者更好地留意和理解情境因素（有时也包括从业者自己的言行！）对于引发当事人的不依从、抱怨或敌意，可能起到了怎样的作用。有了这种新的视角，从业者通常也能够更有效地匹配和应用其他动机式访谈对策，来帮助当事人朝着正向的改变发展。

不符合／有些符合／符合动机式访谈肯定清单的例子

下面的例子呈现了从业者可以如何识别自己对于某位当事人（比如鲍勃或蕾切尔）的挫败感，以及可以如何通过建立一张肯定清单来帮助自己，还有这样的清单可能是什么样子的。大家可能会注意到，在这些例子中并没有从业者和当事人的对话，这与本书中其他的例子不同。相对地，在这些例子中呈现的是从业者可以跟自己说的或者是跟其他从业者说的关于相应当事人的内容。

不符合动机式访谈："鲍勃需要为自己的心理健康负责。他完全不承认自己的精神疾病。他是带着很强的特权感到这里来的；他想把个案管理员当成私人助理来使唤。"

不符合动机式访谈："蕾切尔是个充满敌意的人。她没有资格这样对别人，她要是再不注意可就越界了，然后被诊所撵出去。毕竟，这是一家免费诊所，她还想要什么啊？"

这样一种对于当事人的思考——一张关注其弱点、缺点和缺陷的清单——无法培养从业者的动机式访谈精神，而且会让他们很难运用其他的动机式访谈对策来促进改变。

有些符合动机式访谈："我们需要找个人带鲍勃去领取他的福利金支票。"
有些符合动机式访谈："蕾切尔很难忍受长时间的等待。"

第一句话体现了从业者从至诚为人、热心助人的角度出发来考虑当事人的情况。不过，这句话也体现了从业者认为当事人只是一个被动接受服务的个体，需要工作人员"为他做"，而不是一个能够合作地参与自我照护的独立、自主的个体。第二句话体现了从业者在以一定程度但并不充分的共情和支持性来考虑当事人的情况。

符合动机式访谈："鲍勃展现出了一种坚持。虽然在过去的20年里时好时坏，但他依然会再来社区心理健康中心，并且尝试改变自己的生活。鲍勃对我们也一直很有耐心——我知道个案管理上的人员变动与更换会让他感到困惑和无奈。他也知道如果要恢复健康、保持稳定，自己需要做些什么，比如定期的医疗照护和稳定的收入等。"

符合动机式访谈："你不得不佩服，蕾切尔对她宝宝的全身心投入。她所在的圈子不怎么重视产前护理，而且在这里的等候时间真的很考验一个人的耐心，而蕾切尔还是会坚持过来。"

这样一种对于当事人的思考（构建了一张关于优势／强项和成功做到或完成了什么的清单）既有助于培养从业者的动机式访谈精神，也会让他们更容易运用其他的动机式访谈对策，来促进当事人的正向改变。

培训挑战2：与从业者相似的当事人

情况描述

如果你减掉了5千克，这是否能让你成为一名减肥领域的专家？那如果是减掉了25千克呢？如果是50千克呢？如果你曾经患有酒精使用障碍，而后你戒酒已有20年了，那么这是否可以让你成为一位戒酒康复领域的专家？如果你曾是一名未成年犯，而后你洗心革面，浪子回头，那么这是否可以让你成为服刑人员再社会化领域的专家？从动机式访谈的角度来看，答案也许是：可以说是，但又不完全是。这些经验可以让你在成功地减肥、戒酒或者回归社会等方面成为自己的专家。同时，如果你本身就是一位减肥顾问、成瘾领域的咨询师，或者就在未成年人刑事司法系统工作，那么肯定有当事人会从源自你个人经历的这些领悟和智慧中受益。但肯定也有这样一些当事人——能帮助他们减肥、戒酒或者回归社会的最佳方法可能和你成功做到这些时所用的方法是完全不同的。所以如果我们想更好地运用动机式访谈来帮助别人，就要谨记：在每次谈话中，都有两位专家——当事人是他的情况、价值观、偏好等方面的专家，而从业者则是知晓别人（可能也包括从业者自己）可以如何成功做到这些改变的专家（Miller & Rollnick, 2002）。

我们从事动机式访谈培训的经验表明，很多本科生、研究生以及各行各业的从业者都容易有一种预设，即对他们自己奏效的方法也会对其他人奏效。这样的现象在"真实出演"练习中就会出现，该练习需要参与者搭伴并轮流讨论自己正在考虑的改变，同时练习动机式访谈的技巧。练习者所讨论的改变通常是日常生活中的大多数人都会尝试的一些方面，例如，收拾衣柜、开始锻炼或少看电视。特别是在早期的练习中，我们经常听到练习者说出这样的话："你试过……（某种方法）了吗？这对我有效果、有帮助！"所以练习者通常会发现，他们是在根据自己的个人经验来给共同练习的伙伴提出建议，而不是在运用动机式访谈的技巧。

我们也在角色扮演练习、案例讨论以及基于真实或模拟会谈进行的督导中观察到了这种现象。这些素材中的当事人正在考虑一些更大的生活改变，例如在多年酗酒后戒酒，或者更好地管理自己的血糖，从而控制糖尿病。我们观察到，如果从业者曾经成功地做到或完成了当事人正在考虑的相应改变，那么从业者往往更乐于分享对自己奏效的方法，而不是引出当事人认为的可能对他们最有效的方法。如果自身经历与当事人相似，那么从业者有时可能会预设当事人背后的动机和犹豫等与自己曾经的体验是一模一样的。例如，在一次案例讨论中，有位从业者提到了她的一位当事人，这位当事人反复表示他觉得物质滥用治疗不适合自己，因为他认为自己的情况不像其他当事人那么不堪和严重。这位从业者就说道："我曾经也跟他一样。我也觉得我不像其他人那样。所以他也需要放下这种想法。"米勒、索伦森、塞尔泽及布里格姆指出（Miller, Sorensen, Selzer, & Brigham, 2006），有证据表明，从事物质滥用治疗的从业者如果也曾完成过戒瘾康复，那么他们对其他物质滥用治疗观点的开放性更低，而且这种现象在其他的领域可能也存在，即克服过与当事人所面对的相似问题的从业者对不同的观点或方法的开放性可能更低。

为了应对这种似乎相当普遍的倾向——从业者会预设如果自己有相似的个人经历，就会对当事人的个人经验有独到的理解——我们推荐大家使用共情性倾听的对策，特别是反映性倾听和开放式问题。在刚开始实施动机式访谈时，最重要的一环可能就是当从业者最为确定自己理解了当事人的观点时，需要有意识地使用这些技巧。这样做就为从业者创造了机会，可以亲身体验到自己对于当事人的假设或推测有时是正确的，有时是不正确的。而如果从业者没有那么确定，那么自然更有可能检验自己的假设和推测，所以也不必特别有意地使用这些技巧了。

参考对策1：反映性倾听

米勒和罗尔尼克（Miller & Rollnick，2013）在教授反映性倾听的理念时，常会引用托马斯·戈登（Thomas Gordon）的沟通模型（1970）。在该模型中，沟通涉及三个过程：编码、收听和解码。编码是说话者确定自己想要表达的内容，并选择话语来进行表达的过程。收听是听者感知说话者所说话语的过程。解码是听者从他已经收听到的话语中推测说话者意思的过程。正如米勒和罗尔尼克所言（Miller & Rollnick，2013），有三个地方可能会导致沟通出问题：（1）说话者可能没有清楚地表达自己想要表达的内容；（2）听者可能没有清楚地收听到说话者所说的内容；（3）听者可能错误地理解了说话者通过其话语想要表达的意思。

快速查阅

沟通是怎样出问题的

◇ 说话者没有说出自己想表达的内容
◇ 听者没有准确地收听到说话者讲的话
◇ 听者错误地解读了说话者的意思

从动机式访谈的角度看，反映性倾听旨在确认听者认为说话者想要表达的意思到底是不是说话者自己真正想要表达的意思。因此，反映性倾听若做得得当，会非常有助于从业者确保自己对于当事人的假设或推测（无论是与从业者相似的还是不同的地方）是准确的。

表8.1是我们在近期的培训中讲解这个沟通模型时所举的例子。大家可以用这个例子来想象一下，假如迈克尔继续以他的假设来理解我（朱莉·A. 舒马赫）的意思，而不使用反映性倾听来核对这些假设，会发生怎样的情况。如果他假设我认为他生气了，那么他可能会好奇自己究竟做了什么让我有这样的感觉。这反过来可能也会引发他的担心或恼怒。而如果他假设我听到了他的肚子在咕咕叫，那么他可能会感到尴尬和难为情。反正最坏的情况是，假如他没有确认和澄清我的意思，那我可能就没有机会品尝油炸玉米粉蒸肉这道美食了（如果读者有机会来到美国密西西比河三角洲地区，我强烈推荐大家来尝一尝这道美食）。

表8.1　沟通模型示例

编码偏差
朱莉想："我想知道，迈克尔是否想在休息时间和我一起吃午饭。"
朱莉说："你生气了①吗？"（而不是"你饿了吗？"）
迈克尔进行反映："你觉得我在生你的气。"

收听偏差
朱莉说："你饿了吗？"
迈克尔听："你生气了吗？"
迈克尔进行反映："你觉得我在生你的气。"

解码偏差
迈克尔听："你饿了吗？"
迈克尔想："哦不，她准是听到了我的肚子在咕咕叫。"
迈克尔进行反映："你听到了我的肚子在咕咕叫。"

不符合/有些符合/符合动机式访谈反映性倾听的例子

下面的例子呈现了从业者如何使用反映性倾听，来确保假设或推测并非只是根据自己和对方的相似点做出的。

当事人说："我承认我有一些问题，但我不需要做物质滥用治疗。这里的每一个人都比我严重得多。"

不符合动机式访谈："你是不是觉得自己跟这里的每一个人都不一样？"
虽然从业者通过这个提问也在尝试澄清当事人的意思，但这个回应既不是反映性倾听，也不符合动机式访谈。这样的封闭式问题往往会被当事人感知为（从业者可能也会有意地用于）强烈的面质，所以可能会导致当事人的防御性回应（Miller & Rollnick，2013）。

---

① 这里展示的是第一作者朱莉·A.舒马赫的编码偏差，即她口误了，将"饿了（hungry）"说成"生气了（angry）"。——译者注

有些符合动机式访谈："你不需要做物质滥用治疗。"

这个回应是有些符合动机式访谈的。这样的简单反映表达了共情，不过也许只能引出当事人"是／对"或"不是／不对"之类的简短回应，或者会强化当事人的持续语句。

符合动机式访谈："你觉得自己跟这里的每一个人都不一样。"

这个回应是符合动机式访谈的。因为从业者尝试通过这个反映来澄清当事人话语中想要表达的意思。如果这并不是他想表达的，当事人对此的回应可能是去纠正从业者；或者，当事人也可能会沿着这个方向继续探讨他和这个治疗项目中其他人的不同之处，以及可能会相似的地方。

参考对策2：开放式问题

开放式问题是用来检验从业者对当事人的假设的另一个好方法。在检验这些假设或推测时，最需要问的那个开放式问题通常是从业者觉得其答案最明确、最确定的那个问题。在米勒和罗尔尼克（Miller & Rollnick，1998）的《动机式访谈——专业训练系列》（*Motivational Interviewing: Professional Training Series*）视频中有一个经典的例子。当事人约翰在药检呈阳性后被其工作单位转介来访。他说假如自己有孩子，可能会重新思考吸毒的问题。对此，米勒博士回应道："你为什么会这样做呢？"这好像是一句显而易见、毫无意义的废话。人人都知道作为父母不应该吸毒吧？不过，根据戈登的沟通模型，动机式访谈的从业者始终心中有数：当事人的回答可能会在意料之外（有时可能是非常令人惊讶的）。约翰可能会回答："吸毒费钱，假如我有孩子，我需要把钱花在孩子身上。"或者他会回答："我之前因为持有毒品被捕过两次，下次再被抓，我肯定就要蹲监狱了。你不能那样对自己的孩子。"或者他会回答："我的父母都是重度吸毒者，这让我的人生一团糟。"或者他可能会给出其他回答。通过询问开放式问题，米勒博士不但为约翰创造了一个机会去讲出他的改变理由（这是动机式访谈的一个核心目标），而且创造了一个机会以检验自己对于约翰的改变理由的推测和假设，因为这些假设是米勒博士基于自己为人父母的经验以及多年来与众多当事人工作的经验而做出的。同样，通过开放式问题，米勒博士也避免了因为错误假设而引起潜在的不和谐。例如，米勒博士可能会假设约翰是出于道德考虑而反对父母吸毒的（例如，"人人都知道父母不应该吸毒"），而实际上，约翰是出于现实的考虑（例如，"我认为父母吸大麻没什么①，但问题是这在本州违法，我不想让孩子们承受这种法律后果"），那么约翰就有可能会感到被评判，进而引发不和谐。

不符合／有些符合／符合动机式访谈开放式问题的例子

下面的例子呈现了从业者如何通过开放式问题来确保假设或推测并非只是根据自己和对方的相似点做出的。

当事人说："我承认我有一些问题，但我不需要做物质滥用治疗。这里的每一个人都比我严重得多。"

不符合动机式访谈："你是不是觉得自己跟这里的每一个人都不一样？"

这个回应不是开放式问题，而是封闭式问题，而且不符合动机式访谈。因为这样的封闭式问题往往会被当事人感知为（从业者可能是有意为之）对她所说的"不需要治疗"的直接面质。这样的回应可能会加剧沟通中的不和谐。

有些符合动机式访谈："那么其他人在哪些方面比你严重呢？"

这个开放式问题是有些符合动机式访谈的，因为它邀请当事人来详细展开讨论。不过，它邀请当事人详细展开的是"为什么别人比当事人严重"。这是一种持续语句，可能无法帮助当事人朝着解决自身问题的改变方向前进。

符合动机式访谈："所以你知道自己有一些问题，同时你不确定这里是不

---

① 吸食大麻等毒品在我国均属于违法行为。珍爱生命，敬请远离毒品。——译者注

是你要找的地方。请再跟我讲讲你都遇到了哪类问题。"

符合动机式访谈："所以你不确定这里能否解决你的问题。那么你觉得自己需要哪些帮助呢？"

这两个回应都是符合动机式访谈的。它们都先反映了当事人对于治疗的不确定感，这有助于减少不和谐。然后从业者使用了开放式问题来收集关于当事人观点的更多信息。在第一句回应中，从业者试图更好地理解当事人所遇到的问题。在第二句回应中，从业者试图更好地理解当事人认为自己需要什么样的治疗或帮助来解决自身问题。虽然这些提问可能会给从业者带来非常不同的信息，但它们都有助于从业者更好地理解这位当事人的独特观点。

本 章 总 结

在本章，我们为大家提供了学习动机式访谈以及在日常工作中实施动机式访谈的窍门。我们发现，那些设定现实期望、对动机式访谈在工作中的作用保持开放心态，并且对自己的运用情况获取客观反馈的学习者，所获得培训效果往往最好，而且他们也更专注于训练，更享受自己的训练经历。我们还发现，有两种挑战（如表8.2所总结的）会阻碍很多从业者实施动机式访谈。第一种挑战是让从业者感到挫败的当事人。有意识地关注和聚焦这些当事人的优势/强项、成功做到或完成了什么，以及当事人的正向品质，可以帮助从业者在与这些当事人的沟通互动中保持并发扬动机式访谈的精神。第二种挑战是，当遇到与自己相似的当事人时，从业者容易更多地依赖自己的个人经验和智慧去与之工作，而不是更多基于当事人的经验和智慧去展开工作。有意识、有方向地运用反映性倾听和开放式问题，可以促进合作并支持当事人的自主性。我们相信动机式访谈的理念与做法是每个人都可以掌握的。所以通过练习、实践以及适当的训练，你可以达到你认为适合自己实务工作的专业水准。

表8.2　总结培训中的挑战以及动机式访谈的对策

培训挑战	可参考的动机式访谈对策
让从业者感到挫败的当事人	肯定清单：发展关于当事人正向品质和优势／强项的清单，从而将关注的焦点从所感知到的劣势上移开
与从业者相似的当事人	反映性倾听：使用反映性倾听来更好地理解当事人话语及经验中的含义 开放式问题：通过开放式问题来真诚地理解当事人的关切和担心、动机情况，以及他们所了解和理解的内容

结　语

愿诸位读者在阅读本书时，津津有味，手不释卷。我们也希望本书为大家提供了思考的食粮，帮助各位理解和考虑如何将动机式访谈的理念与做法应用在不同且独特，同时又会给从业者带来挫败感的临床挑战之中。动机式访谈是一种成效显著的沟通风格，即使在看似最无望的情况下，也能培养和促进正向的改变。我们从自己治疗过的当事人以及参与研究的被试身上直接观察到了这种现象。我们也从自己培训过的从业者那里听到了类似的反馈，他们亲身体验到了动机式访谈的好处与帮助。我们都期待在培训中有机会参与并促进学员的动机式访谈练习。因为在具体的练习中，我们也有机会讨论自己生活中正在考虑的那些改变：(1) 共情性、合作性地反映或唤出我们对于改变的愿望、能力、理由、需要以及决心；(2) 肯定我们的优势／强项以及之前成功做了什么；(3) 帮助我们制订一个切合实际的、个性化的改变方案。这样的机会和体验反哺了我们自己，让我们借此培养、发展或恢复自己人生中的改变动机——从整理衣柜或文件柜，到健康饮食与规律锻炼。

正如第一章所述，涉及动机式访谈的研究正在蓬勃发展、日新月异（Lundahl & Burke, 2009）。而且，这些研究几乎无一例外地表明，对那些经历特定困难或挑战的当事人运用动机式访谈，有助于促进他们的正向改变。此外，动机式访谈在一些案例中似乎只需要更小的治疗剂量就能达到相应的效果（Burke, Arkowitz, & Menchola, 2003；Hettema, Steele, & Miller, 2005；Lundahl, Kunz, Brownell, Tollefson, & Burke, 2010；Rubak, Sandbaek, Lauritzen, & Christensen, 2005）。但也需要注意，针对很多问题和挑战的动机式访谈应用的相应研究支持还在起步和涌现中。所以我们认为，对于某些领域，动机式访谈可以作为那些应用了更长久、有更强循证基础的其他方法的辅助和补充，进行整合应用，而不是作为独立的干预手段。我们写作本书，旨在为这样的辅助或整合应用提供支持。因为在常规治疗或干预的过程中，从业者往往要面对当事人较低的改变准备度、势头减弱、精神症状以及需要与多人工作等困难，所以从业者可以使用本书所述的动机式访谈的理念、原则及对策来应对和处理这些挑战。不过，为了落实这些，我们需要再次提醒大家：动机式访谈的精神非常重要，它们也是将动机式访谈与这些常规疗法进行整合的基础所在。实际上，我们在讨论符合动机式访谈以及不符合动机式访谈的做法时，通常都会强调动机式访谈精神对于指引具体实践的重要性。从我们培训动机式访谈的经验来看，这样的强调并非言过其实，而是真的很重要。

在1983年，威廉·R. 米勒博士首次提出并介绍了动机式访谈这种帮助当事人达成正向改变的方法，这是一次革命性的突破。然后米勒博士和斯蒂芬·罗尔尼克博士细化了这种方法，并在1991年出版了第一版《动机式访谈——助力人们改变成瘾行为》（*Motivational Interviewing: Preparing People to Change Addictive Behavior*）。时至今日，动机式访谈已然经过了不计其数的从业者或学者的提炼、研究与实践。我们很高兴自己能成为这场持续革命中的一分子，同时也邀请你——各位读者——来看一看，你的合作、唤出、接纳以及至诚为人将会如何帮助当事人克服他们在自己人生的改变旅途上可能会遭遇的最难的挑战。而无论本书是你开始学习和发展动机式访谈风格的第一本读物，还是你的动机式访谈书单里的新增读物，我们都希望尽微薄之力，帮助你理解动机式访谈，以及在助人工作中运用动机式访谈处理相应的临床挑战。

参考文献

Adams, J. B., & Madson, M. B. (2006). Reflection and outlook for the future of addictions treatment and training: An interview with William R. Miller. *Journal of Teaching in the Addictions, 5*, 95–109.

Ahmrein, P. C., Miller, W. R., Yahne, C. E., Palmer, M., & Fulcher, L. (2003). Client commitment language during motivational interviewing predicts drug use outcomes. *Journal of Consulting and Clinical Psychology, 71*, 862–878.

Ajzen, I., & Albarracín, D. (2007). Predicting and changing behavior: A reasoned action approach. In I. Ajzen, D. Albarracín, R. Hornik, I. Ajzen, D. Albarracín, & R. Hornik (Eds.), *Prediction and change of health behavior: Applying the reasoned action approach* (pp. 3–21). Mahwah, NJ: Lawrence Erlbaum Associates.

American Psychiatric Association. (2000). *Diagnostic and statistical manual of mental disorders* (4th ed., text rev.). Washington, DC: American Psychiatric Publishing.

American Psychiatric Association. (2013). *Diagnostic and statistical manual of mental disorders* (5th ed.). Arlington, VA: American Psychiatric Publishing.

Arkowitz, H., Westra, H. A., Miller, W. R., & Rollnick, S. (Eds.) (2008). *Motivational interviewing in the treatment of psychological problems*. New York: The Guilford Press.

Armstrong, M. J., Mottershead, T. A., Ronksley, P. E., Sigal, R. J., Campbell, T. S., & Hemmelgarn, B. R. (2011). Motivational interviewing to improve weight loss in overweight and/or obese patients: A systematic review and meta-analysis of randomized controlled trials. *Obesity Reviews, 12*, 709–723.

Atkinson, C., & Woods, K. (2003). Motivational interviewing strategies for disaffected secondary school students: A case example. *Educational Psychology in Practice, 19*, 49–64.

Bandura, A. (1977). Self-efficacy: Toward a unifying theory of behavioral change. *Psychological Review, 84*, 191–215.

Bandura, A. (2004). *Self-efficacy: The exercise of control*. New York, NY: Freeman.

Barwick, M. A., Bennett, L. M., Johnson, S. N., McGowan, J., & Moore, J. E. (2012). Training health and mental health professionals in motivational interviewing: A systematic review.

Children and Youth Services Review, 34, 1786–1795.

Beck, A. T., & Steer, R. A. (1988). *Manual for the Beck hopelessness scale.* San Antonio, TX: Psychological Corp.

Bisono, A. M., Knapp Manuel, J., & Forcehimes, A. A. (2006). Promoting treatment adherence through motivational interviewing. In W. T. O'Donohue & E. R. Levensky(Eds), *Promoting treatment adherence: A practical handbook for health care providers* (pp. 71–84). Thousand Oaks, CA: SAGE Publications.

Boardman, T., Catley, D., Grobe, J. E., Little, T. D., & Ahluwalia, J. S. (2006). Using motivational interviewing with smokers: Do therapist behaviors relate to engagement and therapeutic alliance? *Journal of Substance Abuse Treatment, 31*, 329–339.

Brehm, S., & Brehm, J. W. (1981). *Psychological reactance: A theory of freedom and control.* New York: Academic Press.

Brennan, L. M., Shelleby, E. C., Shaw, D. S., Gardner, F., Dishion, T. J., & Wilson, M. (2013). Indirect effects of the family check-up on school-age academic achievement through improvements in parenting in early childhood. *Journal of Educational Psychology, 105*, 762–773.

Burke, B. L. (2011). What can motivational interviewing do for you? *Cognitive and Behavioral Practice, 18*, 74–81.

Burke, B. L., Arkowtiz, J., & Menchola, M. (2003). The efficacy of motivational interviewing: A meta-analysis of controlled clinical trials. *Journal of Consulting and Clinical Psychology, 71*, 843–861.

Carcone, A., Naar-King, S., Brogan, K. E., Albrecht, T., Barton, E., Foster, T., & Marshall, S. (2013). Provider communication behaviors that predict motivation to change in black adolescents with obesity. *Journal of Developmental and Behavioral Pediatrics, 34*, 599–608.

Carey, K. B., Leontieva, L., Dimmock, J., Maisto, S. A., & Batki, S. L. (2007). Adapting motivational interventions for comorbid schizophrenia and alcohol use disorders. *Clinical Psychology, 14*, 39–57.

Catley, D., Harris, K. J., Mayo, M. S., Hall, S., Okuyemi, K. S., Boardman, T. et al. (2006). Adherence to principles of motivational interviewing and therapeutic outcomes. *Behavioural and Cognitive Psychotherapy, 34*, 43–56.

Clark, D. M. (1999). Anxiety disorders: Why they persist and how to treat them. *Behaviour Research and Therapy, 37*, S5–S27.

Coffey, S. F., Schumacher, J. A., Nosen, E., Littlefield, A. K., Henslee, A., Lappen, A., & Stasiewicz, P. R. (2013). Trauma-focused exposure therapy for chronic posttraumatic stress disorder in alcohol and drug dependent patients: A randomized clinical trial. Manuscript submitted for publication.

Cohen, L. J. (2010). Psychotic disorders. In Weiner, I. B., and Craighead, W. E. (Eds.), *The Corsini encyclopedia of psychology* (4th ed). (pp. 1394–1396). Hoboken, NJ: John Wiley

& Sons.

Connors, G. J., DiClemente, C. C., Velasquez, M. M., & Donovan, D. M. (2013). *Substance abuse treatment and the stages of change: Selecting and planning interventions* (2nd ed). New York: Guilford Press.

Curtis, N. M., Ronan, K. R., & Borduin, C. M. (2004). Multisystemic treatment: A meta-analysis of outcome studies. *Journal of Family Psychology, 18*, 411–419.

D'Amico, E. J., Hunter, S. B., Miles, J. V., Ewing, B. A., & Osilla, K. (2013). A randomized controlled trial of a group motivational interviewing intervention for adolescents with a first time alcohol or drug offense. *Journal of Substance Abuse Treatment, 45*, 400–408.

Defife, J. A., Conklin, C. Z., Smith, J. M., & Poole, J. (2010). Brief Reports: Psychotherapy appointment no-shows: Rates and reasons. *Psychotherapy Theory, Research, Practice, and Training, 47*, 413–417.

DiClemente, C. C. (2003). *Addiction and change: How addictions develop and addicted people recover*. New York: Guilford Press.

DiClemente, C. C., & Velazquez, M. M. (2002). Motivational interviewing and the stages of change. In W. M. Miller, & S. Rolnick (Eds.), *Motivational intervewing: Preparing people for change* (2nd ed). New York, NY: Guilford.

Dimeff, L. A., Baer, J. S., Kivlahan, D. R., & Marlatt, G. A. (1999). *Brief alcohol screening and intervention for college students: A harm reduction approach*. New York, NY: The Guilford Press.

D'Onofrio, G., & Degutis, L. C. (2002). Preventive care in the emergency department: Screening and brief intervention for alcohol problems in the emergency department: A systematic review. *Academic Emergency Medicine, 9*, 627–638.

Doyle, A. C., & Pollack, M. H. (2003). Establishment of remission criteria for anxiety disorders. *Journal of Clinical Psychiatry, 64 (suppl 15)*, 40–45.

Drymalski, W., & Campbell, T. (2009). A review of motivational interviewing to enhance adherence to antipsychotic medication in patients with schizophrenia: Evidence and recommendations. *Journal of Mental Health, 18*, 6–15.

D'Zurilla, T. J., & Goldfried, M. R. (1971). Problem solving and behavior modification. *Journal of Abnormal Psychology, 78*, 107–126.

D'Zurilla, T. J., & Nezu, A. M. (2007). *Problem-solving therapy: A positive approach to clinical intervention* (3rd ed.). New York, NY: Springer.

Enea, V., & Dafinoiu, I. (2009). Motivational/solution-focused intervention for reducing school truancy among adolescents. *Journal of Cognitive and Behavioral Psychotherapies, 9*, 185–198.

Ericsson, K. A., & Charness, N. (1994). Expert performance: Its structure and acquisition. *American Psychologist, 49*, 725–747.

Farbing, C. A., & Johnson, W. R. (2008). Motivational interviewing in the correctional system: An attempt to implement motivational interviewing in criminal justice. In H. Arkowitz, H.

A., Westra, W. R. Miller, & S. Rollnick (Eds.), *Motivational interviewing in the treatment of psychological problems* (pp. 324–342). New York: Guilford Press.

Fenger, M., Mortensen, E. L., Poulsen, S., & Lau, M. (2011). No-shows, drop-outs and completers in psychotherapeutic treatment: Demographic and clinical predictors in a large sample of non-psychotic patients. *Nordic Journal of Psychiatry, 65*, 183–191.

Forsyth, D. R. (2011). The nature and significance of groups. In R. K. Conyne (Ed.), *The Oxford handbook of group counseling* (pp. 19–35). New York: Oxford University Press.

Frey, A. J., Cloud, R. N., Lee, J., Small, J. W., Seeley, J. R., Feil, E. G., et al. (2011). The promise of motivational interviewing in school mental health. *School Mental Health, 3*, 1–12.

Fromm, E. (1956). *The art of loving*. New York: Harper Perennial.

Gance-Cleveland, B. (2007). Motivational interviewing: Improving patient education. *Journal of Pediatric Health Care, 21*, 81–88.

Gaughf, C. J., & Madson, M. B. (2008). The abstinence violation effect. In G. L. Fischer & N. A. Roqet (Eds.), *Encyclopedia of substance abuse prevention, treatment, and recovery*. Los Angeles, CA: Sage Publications.

Glynn, L. H., & Moyers, T. B. (2010). Chasing change talk: The clinician's role in evoking client language about change. *Journal of Substance Abuse Treatment, 39*, 65–70.

Gordon, T. (1970). *Parent effectiveness training: The proven program for raising responsible children*. New York: Harmony Books.

Graeber, D. A., Moyers, T. B., Griffith, G., Guajardo, E., & Tonigan, S. (2003). Addiction services: A pilot study comparing motivational interviewing and an educational intervention in patients with schizophrenia and alcohol use disorders. *Community Mental Health Journal, 39*, 189–202.

Heckman, C. J., Egleston, B. L., Hofmann, M. T. (2010). Efficacy of motivational interviewing for smoking cessation: A systematic review and meta-analysis. *Tobacco Control, 19*, 410–416.

Hettema, J. E., & Hendricks, P. S. (2011). Motivational interviewing for smoking cessation: A meta-analytic review. *Journal of Consulting and Clinical Psychology, 78*, 868–884.

Hettema, J., Steele, J., & Miller, W. R. (2005). Motivational interviewing. *Annual Review of Clinical Psychology, 1*, 91–111.

Hill, C. E., & O'Brien, K. M. (1999). *Helping skills: Facilitating exploration, insight, and action*. Washington, DC: American Psychological Association.

Hohman, M. (2012). *Motivational interviewing in social work practice*. New York: Guilford Press.

Hofmann, S. G., & Smits, J. A. (2008). Cognitive-behavioral therapy for adult anxiety disorders: A meta-analysis of randomized placebo controlled trials. *Journal of Clinical Psychiatry, 69*, 621–632.

Holstad, M., DiIorio, C., Kelley, M. E., Resnicow, K., & Sharma, S. (2011). Group motivational interviewing to promote adherence to antiretroviral medications and risk reduction behaviors in HIV infected women. *AIDS and Behavior, 15*, 885–896.

Horvath, A. O. (2001). The alliance. *Psychotherapy, 38*, 365–372.

Houck, J. M., Moyers, T. B., & Tesche, C. D. (2013). Through a glass darkly: Some insights on change talk via magnetoencephalography. *Psychology of Addictive Behaviors, 27*, 489–500.

Ingersoll, K. S., Wagner, C. C., & Gharib, S. (2002). *Motivational groups for community substance abuse programs*. Richmond, VA: Mid-Atlantic Addiction Technology Transfer Center.

Interian, A., Lewis-Fernández, R., Gara, M. A., & Escobar, J. I. (2013). A randomized-controlled trial of an intervention to improve antidepressant adherence among Latinos with depression. *Depression and Anxiety, 30*, 688–696.

Ivey, A. E., & Bradford Ivey, M. (2003). *Intentional interviewing and counseling: Facilitating client development in a multicultural society*. Pacific Grove, CA: Brooks/Cole.

Janis, I. L., & Mann, L. (1977). *Decision making: A psychological analysis of conflict, choice and commitment*. New York: Free Press.

Jensen, C. D., Cushing, C. C., Aylward, B. S., Craig, J. T., Sorell, D. M., & Steele, R. G. (2011). Effectiveness of motivational interviewing interventions for adolescent substance use behavior change: A meta-analytic review. *Journal of Consulting and Clinical Psychology, 79*(4), 433–440.

Kazdin, A. E. (2005). Treatment outcomes, common factors, and continued neglect of mechanisms of change. *Clinical Psychology: Science and Practice, 12*, 184–188.

Kazdin, A. E., & Blaze, S. L. (2011). Rebooting psychotherapy research and practice to reduce the burden of mental illness. *Perspectives on Psychological Science, 6*, 21–37.

Kessler, R. C., Chiu, W. T., Demler, O., & Walters, E. E. (2005). Prevalence, severity, and comorbidity of twelve-month DSM-IV disorders in the National Comorbidity Survey Replication (NCS-R). *Archives of General Psychiatry, 62*, 617–627.

Kessler, R. C., McGonagle, K. A., Zhao, S., Nelson, C. B., Hughes, M., Eshleman, S., Wittchen, H.-U., & Kendler, K. S. (1994). Lifetime and 12-month prevalence of DSM-III-R psychiatric disorders in the United States. *Journal of the American Medical Association Psychiatry, 51*, 8–19.

Lane, C. A., & Rollnick, S. (2009). Motivational interviewing. In S. A. Shumaker, J. K. Ockene, & K. A. Riekert (Eds.), *The handbook of health behavior change* (3rd ed.; pp. 151–167). New York, NY US: Springer Publishing Co.

Leffingwell, T. R., Neumann, C. A., Babitzke, A. C., Leedy, M. J., & Walters, S. T. (2007). Social psychology and motivational interviewing: A review of relevant principles and recommendations for research and practice. *Behavioural and Cognitive Psychotherapy, 35*, 31–45.

Leukefeld, C., Carlton, E. L., Staton-Tindall, M., & Delaney, M. (2012). Six-month follow-up changes for TANF-eligible clients involved in Kentucky's targeted assessment program.

Journal of Social Service Research, *38*, 366–381.

Levensky, E. R., & O'Donohue, W. T. (2006). Patient adherence and nonadherence to treatments: An overview for health care providers. In W. T. O'Donohue & E. R. Levensky (Eds), *Promoting treatment adherence: A practical handbook for health care providers* (pp. 3–14). Thousand Oaks, CA: SAGE Publications.

Lezak, M. D. (1995). *Neuropsychological assessment* (3rd ed.). New York: Oxford University Press.

Lundahl, B., & Burke, B. L. (2009). The effectiveness and applicability of motivational interviewing: A practice-friendly review of four meta-analyses. *Journal of Clinical Psychology: In Session*, *65*, 1232–1245.

Lundahl, B. W., Kunz, C., Brownell, C., Tollefson, D., & Burke, B. L. (2010). A meta-analysis of motivational interviewing: Twenty-five years of empirical studies. *Research on Social Work Practice*, *20*, 137–160.

Madson, M. B. Bonnell, M. A., McMurtry, S., & Noble, J. (2009). *HUB City Steps–motivational interviewing counselor manual*. Unpublished manual. University of Southern Mississippi.

Madson, M. B., Bullock-Yowell, E. E., Speed, A. C., & Hodges, S. A. (2008). Supervising substance abuse treatment: Specific issues and a motivational interviewing model. In A. K. Hess, K. D. Hess, & T. H. Hess. (Eds.), *Psychotherapy supervision: Theory research and practice* (2nd ed; pp 340–358). Hoboken, NJ: John Wiley and Sons.

Madson, M. B., & Campbell, T. C. (2006). Measures of fidelity in motivational enhancement: A systematic review of instrumentation. *Journal of Substance Abuse Treatment*, *31*, 67–73.

Madson, M. B., Campbell, T. C., Barrett, D. E., Brondino, M. J., & Melchert, T. P. (2005). Development of the Motivational Interviewing Supervision and Training Scale. *Psychology of Addictive Behaviors*, *19*, 303–310.

Madson, M. B., Landry, A. S., Molaison, E. F., Schumacher, J. A., & Yadrick, K. (in press). Training MI interventionists across disciplines: A descriptive project. *Motivational Interviewing: Theory, Research, Implementation and Practice*.

Madson, M. B., Lane, C., & Noble, J. J. (2012). Delivering quality motivational interviewing training: A survey of MI trainers. *Motivational Interviewing: Theory, Research, Implementation and Practice*, *1*, 16–24.

Madson, M. B., Loignon, A. C., & Lane, C. (2009). Training in motivational interviewing: A systematic review. *Journal of Substance Abuse Treatment*, *36*, 101–109.

Madson, M. B., Loignon, A., Shutze, R., & Necaise, H. (2009). Examining the fit between motivational interviewing and the counseling philosophy: An emphasis on prevention. *Prevention in Counseling Psychology: Theory, Research, Practice and Training*, *3*, 20–32.

Madson, M. B., Mohn, R., Zuckoff, A., Schumacher, J. A., Kogan, J., Hutchison, S., Magee, E., & Stein, B. (2013). Measuring client perceptions of motivational interviewing: Factor analysis of the client evaluation of motivational interviewing scale. *Journal of Substance Abuse Treatment*, *44*, 330–335.

Madson, M. B., Schumacher, J. A., & Bonnell, M. A. (2010). Motivational interviewing and alcohol. *Healthcare Counselling and Psychotherapy Journal, 10*, 13–17.

Madson, M. B., Schumacher, J. A., Noble, J. J., & Bonnell, M. A. (2013). Teaching motivational interviewing to undergraduates: Evaluation of three approaches. *Teaching of Psychology, 40*, 242–245.

Madson, M. B., Speed, A. C., Bullock Yowell, E., & Nicholson, B. C. (2011). A pilot study evaluating a motivational interviewing seminar on graduate student skill, self-efficacy and intention to use. *Rehabilitation Counselors and Educators Association Journal, 5*, 70–79.

Marlatt, G. A., & Witkiewitz, K. (2005). Relapse prevention for alcohol and drug problems. In G. A. Marlatt & D. M. Donovan (Eds.), *Relapse prevention: Maintenance strategies in the treatment of addictive behaviors* (2nd ed; pp. 1–44). New York: Guilford Press.

Martino, S., Ball, S. A., Gallon, S. L., Hall, D., Garcia, M., Ceperich, S., Farentinos, C., Hamilton, J., & Hausotter, W. (2006). *Motivational interviewing assessment: Supervisory tools for enhancing proficiency.* Salem, OR: Northwest Frontier Addiction Technology Transfer Center, Oregon Health and Science University.

Martino, S., Carroll, K., Kostas, D., Perkins, J., & Rounsaville, B. (2002). Dual diagnosis motivational interviewing: A modification of motivational interviewing for substance-abusing patients with psychotic disorders. *Journal of Substance Abuse Treatment, 23*, 297–308.

Martino, S. Ball, S. A., Nich, C., Frankforer, T. L., & Carroll, K. M. (2008). Community program therapist adherence and competence in motivational enhancement therapy. *Drug and Alcohol Dependence, 96*, 37–48.

Mason, P., & Butler, C. C. (2010). *Health behavior change: A guide for practitioners.* New York: Elsevier.

Maughan, D. R., Christiansen, E., & Jenson, W. R. (2005). Behavioral parent training as a treatment for externalizing behaviors and disruptive behavior disorders: A meta-analysis. *School Psychology Review, 34*, 267–286.

McMurran, M. (2009). Motivational interviewing with offenders: A systematic review. *Criminological Psychology, 14*, 83–100.

Miller, W. R. (1983). Motivational interviewing with problem drinkers. *Behavioural Psychotherapy, 11*, 147–172.

Miller, W. R., Forcehimes, A. A., & Zweben, A. (2011). *Treating addiction: A guide for professionals.* New York, NY: Guilford Press.

Miller, W., & Mount, K. (2001). A small study of training in motivational interviewing: Does one workshop change provider and client behavior? *Behavioural and Cognitive Psychotherapy, 29*, 457–471.

Miller, W. R., & Moyers, T. B. (2006). Eight stages in learning motivational interviewing. *Journal of Teaching in the Addictions, 5*, 13–27.

Miller, W. R., & Rollnick, S. (1991). *Motivational interviewing: Preparing people to change addictive behavior*. New York: Guilford Press.

Miller, W. R., & Rollnick, S. (1998). Motivational interviewing: Professional training videotape series. The University of New Mexico Center on Alcoholism Substance Abuse, and Addictions (UNM/CASAA).

Miller, W. R., & Rollnick, S. (2002). *Motivational interviewing: Preparing people for change* (2nd ed.). New York: Guilford Press.

Miller, W. R., & Rollnick, S. (2009). Ten things motivational interviewing is not. *Behavioural and Cognitive Psychotherapy, 37*, 129–140.

Miller, W. R., & Rollnick, S. (2013). *Motivational interviewing: Helping people change* (3rd ed.). New York, NY: Guilford Press.

Miller, W. R., & Rose, G. S. (2009). Toward a theory of motivational interviewing. *American Psychologist, 64*, 527–537.

Miller, W. R., Sorensen, J. L., Selzer, J. A., & Brigham, G. S. (2006). Disseminating evidence-based practices in substance abuse treatment: A review with suggestions. *Journal of Substance Abuse Treatment, 31*, 25–39.

Miller, W. R., Yahne, C. E., Moyers, T. B., Martinez, J., & Pirritano, M. (2004). A randomized trial of methods to help clinicians learn motivational interviewing. *Journal of Consulting and Clinical Psychology, 72*, 1050–1062.

Miller, W. R., Zweben, A., DiClemente, C. C., Rychtarik, R. C. (1992). Motivational Enhancement Therapy Manual: A clinical research guide for therapists treating individuals with alcohol abuse and dependence. *Project MATCH Monograph Series, Vol. 2*. Rockville, Maryland: National Institute on Alcohol Abuse and Alcoholism.

Moos, R. H. (2007). Theory-based active ingredients of effective treatments for substance use disorders. *Drug and Alcohol Dependence, 88*, 109–121.

Moyers, T. M. (2004). History and happenstance: How motivational interviewing got its start. *Journal of Cognitive Psychotherapy: An International Quarterly, 18*, 291–298.

Moyers, T., Manuel, J., Wilson, P., Hendrickson, S., Talcott, W., & Durand, P. (2008). A randomized trial investigating training in motivational interviewing for behavioral health providers. *Behavioral and Cognitive Psychotherapy, 36*, 149–162.

Moyers, T. B., Martin, T., Manuel, J. K., Miller, W. R., & Ernst, D. (2010). *Revised Global Scales: Motivational Interviewing Treatment Integrity 3.1.1 (MITI 3.1.1)*. University of New Mexico, Center on Alcoholism, Substance Abuse and Addictions (CASAA): Albuquerque, NM.

Moyers, T. B., & Martin, T. (2006). Therapist influence on client language during motivational interviewing sessions: Support for a potential causal mechanism. *Journal of Substance Abuse Treatment, 30*, 245–251.

Moyers, T. B., Miller, W. R., & Hendrickson, S. M. L. (2005). How does motivational interviewing work? Therapist interpersonal skill predicts client involvement within motivational interviewing sessions. *Journal of Consulting and Clinical Psychology, 73*,

590–598.

Murphy, C. M., Linehan, E. L., Reyner, J. C., Musser, P. H., & Taft, C. T. (2012). Moderators of response to motivational interviewing for partner-violent men. *Journal of Family Violence, 27*, 671–680.

Naar-King, S., Earnshaw, P., & Breckon, J. (2013). Toward a universal maintenance intervention: Integrating cognitive-behavioral treatment with motivational interviewing for maintenance of behavior change. *Journal of Cognitive Psychotherapy, 27*, 126–137.

Naar-King, S., & Suarez, M. (2011). *Motivational interviewing with adolescents and young adults*. New York: Guilford Press.

National Alliance for the Mentally Ill. (2013). *Mental illness: What you need to know*.

Neighbors, C., Walker, D. D., Roffman, R. A., Mbilinyi, L. F., & Edleson, J. L. (2008). Self-determination theory and motivational interviewing: Complementary models to elicit voluntary engagement by partner-abusive men. *American Journal of Family Therapy, 36*, 126–136.

Nelson, H. E. (2005). *Cognitive-behavioural therapy with delusions and hallucinations: A practice manual* (2nd ed.). Cheltenham, UK: Nelson Thornes Ltd.

Nicholson, B. C., Fox, R. A., & Johnson, S. D. (2005). Parenting young children with challenging behaviour. *Infant and Child Development, 14*, 425–428.

Passmore, J. (2011). Motivational interviewing: Techniques reflective listening. *The Coaching Psychologist, 7*, 50–53.

Peeters, F. P. M. L., & Bayer, H. (1999). 'No-show' for initial screening at community mental health centre: Rate, reasons, and further help-seeking. *Social Psychiatry and Psychiatric Epidemiology, 34*, 323–327.

Pirlott, A. G., Kisbu-Sakarya, Y., DeFrancesco, C. A., Elliot, D. L., & MacKinnon, D. P. (2012). Mechanisms of motivational interviewing in health promotion: A Bayesian mediation analysis. *The International Journal of Behavioral Nutrition and Physical Activity, 9*, 69–80.

Prochaska, J. O., & DiClemente, C. C. (1983). Stages and processes of self-change of smoking: Toward an integrative model of change. *Journal of Consulting & Clinical Psychology, 51*, 390–395.

Prochaska, J. O., & Norcross, J. C. (2010). *Systems of psychotherapy: A transtheoretical analysis* (7th ed). Belmont, CA: Thomson/Brooks Cole.

Rogers, C. R. (1959). The essence of psychotherapy: A client-centered view. *Annals of Psychotherapy, 1*, 51–57.

Rollnick, S., Miller, W. R., & Butler, C. C. (2008). *Motivational interviewing in health care: Helping patients change behavior*. New York: Guilford Press.

Rosengren, D. B. (2009). *Building motivational interviewing skills: A practitioner workbook*. New York: Guilford Press.

Ross, L. D. (1977). The intuitive psychologist and his shortcomings: Distortions in the attribution process. In L. Berkowitz (Ed.), *Advances in experimental social psychology* (Vol. 10, pp. 173–220). New York: Academic Press.

Rubak, S., Sandbaek, A., Lauritzen, T., & Christensen, B. (2005). Motivational interviewing: A systematic review and meta-analysis. *British Journal of General Practice, 55*, 305–312.

Rusch, N., & Corrigan, P. W. (2002). Motivational interviewing to improve insight and treatment adherence in schizophrenia. *Psychiatric Rehabilitation Journal, 26*, 23–32.

Ryan, R. M., & Deci, E. L. (2000). Self-determination theory and the facilitation of intrinsic motivation, social development, and well-being, *American Psychologist, 55*, 68–78.

Schneider Corey, M., Corey, G., & Corey, C. (2010). *Groups: Process and practice* (8th ed). Belmont, CA: Brooks/Cole.

Schumacher, J. A., Coffey, S. F., Stasiewicz, P. R., Murphy, C. M., Leonard, K. E., & Fals-Stewart, W. (2011). Development of a brief motivational enhancement intervention for intimate partner violence in alcohol treatment settings. *Journal of Aggression, Maltreatment, and Trauma, 20*, 103–127.

Schumacher, J. A., Coffey, S. F., Walitzer, K. S., Burke, R. S., Williams, D. C., Norquist, G., & Elkin, T. D. (2012). Guidance for new motivational interviewing trainers when training addiction professionals: Findings from a survey of experienced trainers. *Motivational Interviewing: Training, Research, Implementation, and Practice, 1*, 7–15.

Schumacher, J. A., Madson, M. B., & Nilsen, P. (2014). Barriers to learning motivational interviewing: A survey of trainers. *Journal of Addiction and Offender Counseling*, in press.

Schumacher, J. A., Madson, M. B., & Norquist, G. S. (2011). Using telehealth technology to enhance motivational interviewing training for rural substance abuse treatment providers: A services improvement project. *The Behavior Therapist, 34*, 64–70.

Schumacher, J. A., Williams, D. C., Burke, R. S., Epler, A. J., & Simon, P. (2013). *Competency-based supervision in motivational interviewing for psychology pre-doctoral interns and postdoctoral fellows*. Manuscript submitted for publication.

Seal, K. H., Abadijan, L., McCamish, N., Shi, Y., Tarasovsky, G., & Weingardt, K. (2012). A randomized controlled trial of telephone motivational interviewing to enhance mental health treatment engagement in Iraq and Afghanistan veterans. *Psychiatry and Primary Care, 34*, 450–459.

Seppala, E. (2013, June). The compassionate mind. *Observer, 26*, 20–25.

Seligman, L. W. (2008). *Fundamental skills for mental health professionals*. Upper Saddle River, NJ: Pearson Education.

Smith, J. D., Dishion, T. J., Shaw, D. S., & Wilson, M. N. (2013). Indirect effects of fidelity to the Family Check-Up on changes in parenting and early childhood problem behaviors. *Journal of Consulting and Clinical Psychology*.

Smith, J. L., Amrhein, P. C., Brooks, A. C., Carpenter, K. M., Levin, D., Schreiber, E. A., Travaglini, L. A., & Nunes, E. V. (2007). Providing live supervision via teleconferencing improves acquisition of motivational interviewing skills after workshop attendance. *American Journal of Drug and Alcohol Abuse, 33*, 163–168.

Smith, J. L., Carpenter, K. M., Amrhein, P. C., Brooks, A. C., Levin, D., Schreiber, E. A., Travaglini, L. A., Hu, M. C., & Nunes, E. V. (2012). Training substance abuse clinicians in motivational interviewing using live supervision via teleconferencing. *Journal of Consulting and Clinical Psychology, 80*, 450–464.

Söderlund, L. L., Madson, M. B., Rubak, S., & Nilsen, P. (2011) A systematic review of motivational interviewing training for general healthcare practitioners. *Patient Education and Counseling, 84*, 16–26.

Stasiewicz, P. R., Herrman, D., Nochajski, T. H., & Dermen, K. (2006). Motivational interviewing: Engaging highly resistant clients in treatment. *Counselor: The Magazine for Addictions Professionals, 7*, 26–32.

Steinberg, M. L., Ziedonis, D. M., Krejci, J. A., & Brandon, T. H. (2004). Motivational interviewing with personalized feedback: A brief intervention for motivating smokers with schizophrenia to seek treatment for tobacco dependence. *Journal of Consulting and Clinical Psychology, 72*, 723–728.

Sterrett, E., Jones, D. J., Zalot, A., & Shook, S. (2010). A pilot study of a brief motivational intervention to enhance parental engagement: A brief report. *Journal of Child and Family Studies, 19*, 697–701.

Substance Abuse and Mental Health Services Administration. (1999). *Enhancing motivation for change in substance abuse treatment* (DHHS Publication No. SMA 99–3354). Rockville, MD: The CDM Group.

Thevos, A. K., Quick, R. E., & Yanduli, V. (2000). Motivational interviewing enhances the adoption of water disinfection practices in Zambia. *Health Promotion International, 15*, 207–214.

Thombs, D. L., & Osborn, C. J. (2013). *Introduction to addictive behaviors* (4th ed). New York: Guilford Press.

Van Minnen, A., Harned, M. S., Zoellner, L., & Mills, K. (2012). Examining potential contraindications for prolonged exposure therapy for PTSD. *European Journal of Psycho-Traumatology, 3*, 18805.

Vasilaki, E. I., Hosier, S. G., & Cox, W. M. (2006). The efficacy of motivational interviewing as a brief intervention for excessive drinking: A meta-analytic review. *Alcohol & Alcoholism, 41*, 328–335.

Wagner, C. C., & Ingersoll, K. S. (2013). *Motivational interviewing in groups*. New York: Guilford Press.

Walters, S., Clark, M. D., Gingerich, R., & Meltzer, M. (2007). A guide for probation and parole: Motivating offenders to change. U.S. Department of Justice, National Institute of Corrections. NiC Accession Number 022253.

Walters, S. T., Matson, S. A., Baer, J. S., & Ziedonis, D. M. (2005). Effectiveness of workshop training for psychosocial addiction treatments: A systematic review. *Journal of Substance Abuse Treatment, 29*, 83–293.

Westra, H. A., & Aviram, A. (2013). Core skills in motivational interviewing. *Psychotherapy, 50*, 273–278.

Westra, H. A. (2012). *Motivational interviewing in the treatment of anxiety.* New York: Guilford Press.

World Health Organization. (2008). *The global burden of disease: 2004 update.*

Young, T. L. (2013). Using motivational interviewing within the early stages of group development. *The Journal of Specialists in Group Work, 38*, 169–181.

Zeollner, J., Connell, C., Madson, M. B., Thomson, J. L., Landry, A. S., Molaison, E. F., Reed, V. B., & Yadrick, K. (2014). HUB City Steps: A 6-month lifestyle intervention improves blood pressure and psychosocial constructs among a primarily African American community. *Journal of the Academy of Nutrition and Dietetics, 114*, 603–612.

Zoellner, J. M., Connell, C. C., Madson, M. B., Wang, B., Reed, V. W., Molaison, E. F., & Yadrick, K. (2011). H.U.B City Steps: Methods and early findings from a community-based participatory research effectiveness trial to reduce blood pressure among African Americans. *International Journal of Behavioral Nutrition and Physical Activity, 8*, 59–71.

Zweben, A., & Zuckoff, A. (2002). Motivational interviewing and treatment adherence. In W. R. Miller & S. Rollnick (Eds.), *Motivational interviewing: Preparing people for change* (2nd ed; pp. 299–319). New York: Guilford Press.